传世少儿科普名著 插图珍藏版 CHATUZHENCANGBAN 高端编委会

顾　问：王绶琯

　　　　欧阳自远

　　　　刘嘉麒

主　编：尹传红

选编委员会（排名不分先后）：

　　　　刘兴诗　甘本祓　李毓佩　叶永烈

　　　　宗介华　董仁威　刘仁庆　尹传红

长江少儿科普馆
Changjiang Children's Encyclopedia

中国孩子与科学亲密接触的殿堂

传世少儿科普名著 插图珍藏版
CHATUZHENCANGBAN

从此爱上数学

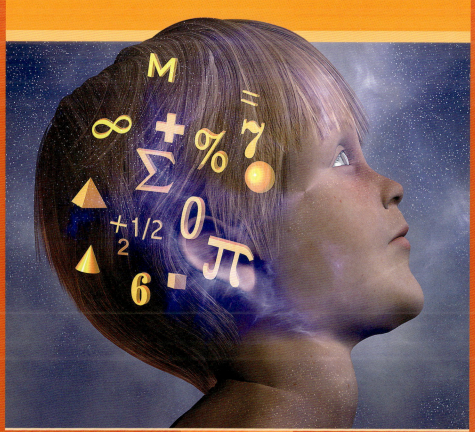

刘后一 ◎ 著

长江出版传媒　长江少年儿童出版社

主编絮语

（代序）

书籍是人类进步的阶梯。有的书，随便翻翻，浅尝辄止，足矣！有的书，经久耐读，愈品愈香，妙哉！

好书便是好伴侣，好书回味更悠长。

或许，它曾拓展了你的视野，启迪了你的思维，让你顿生豁然开朗之感；或许，它在你忧伤的时候给你安慰，在你欢乐的时候使你的生活充满光辉；甚而，它照亮了你的前程，影响了你的人生，给你留下了永久难忘的美好回忆……

长江少年儿童出版社推出的《传世少儿科普名著(插图珍藏版)》丛书，收录的便是这样一些作品。它们都是曾经畅销、历经数十年岁月淘洗、如今仍有阅读和再版价值的科普佳作。

从那个年代"科学的春天"一路走来，我有幸享受了一次次科学阅读的盛宴，见证了那些优秀读物播撒科学种子后的萌发历程，颇有感怀。

被列入本丛书第一批书目的是刘后一先生的作品。

我是在1978年10岁时第一次读《算得快》，记住了作者"刘后一"这个名字。此书通过几个小朋友的游戏、玩耍、提问、解答，将枯燥、深奥的数学问题，演绎成饶有兴趣的"儿戏",寓教于乐。在我当年的想象中,作者一定是一位知识渊博、戴着眼镜的老爷爷,兴许就是中国科学院数学研究所的老教授哩。但没过多久我就被弄糊涂了,因为我陆续看到的几本课外读物——《北京人的故事》《山顶洞人的故事》和《半坡人的故事》,作者都是刘后一,可这几本书跟数学一点儿也不搭界呀?

直觉告诉我,这些书都是同一个刘后一写的,因为它们具有一些共同的特点:都是用故事体裁普及科学知识;故事铺陈中的人物都有比较鲜明的性格特征;再就是语言活泼、通俗、流畅,读起来非常轻松、愉悦。

一晃十多年过去了。大学毕业后,我来到北京,在《科技日报》工作,意外地发现,我竟然跟刘后一先生的女儿刘碧玛是同事。碧玛极易相处,渐渐地,我们就成了彼此熟识、信赖的朋友。她跟我讲述了好些她父亲的故事。

女儿眼中的刘后一,是一个胸怀大志、勤奋好学而又十分"正统"的人。他父母早逝,家境贫寒,有时连课本和练习本也买不起。寒暑假一到,他就去做小工,过着半工半读的生活。他之所以掌握了渊博的知识,并在后来写出大量优秀的科普作品,靠的主要是刻苦自学。他长期业余从事科普创作,耗费了巨大的精力,然而所得到的稿酬并不多,甚至与付出"不成比例"。尽管如此,他仍经常拿出稿酬买书赠给渴求知识的青少年。在他心目中,身外之物远远不及他所钟情的科普创作重要。

在一篇题为《园外园丁的道路》的文章中,后一先生戏称自己当年挑灯夜战的办公室,是他"耕耘笔墨的桃花源",字里行间透着欢快的笔调:"《算得快》出版了,书店里,很多小学生特意来买这本书。公园里,有的孩子聚精会神地看这本书。我开始感到一种从未有过的幸福与快乐,因为我虽然离开了教师岗位,但还是可以为孩子们服务。不是园丁,也是园丁,算得上是一个园外园丁么?我这样反问自己。"

当年(1962年),正是了解到一些孩子对算术学习感到吃力,后一先生才决定写一本学习速算的书。而这,跟他的古生物学专业压根儿不沾边。那时,他正用数学统计的方法研究从周口店发掘出来的马化石。他敢接下这个他专业研究领域之外的活计,在很大程度上是出于兴趣。他很小就学会了打算盘,并研究过珠算。

后一先生迈向科普创作道路最关键的一步,是学会将故事书与知识读物结合起来,写成科学故事书。他的思考和创作走过了这样的历程:既是故事,就得有情节。情节是一件事一件事串起来的,就像动画片是一张一张画联结起来的一样,连续快放,就活动了。既是故事,就得有人物。由此,"很多小学生的形象在我脑际融会了,活跃起来了。他们各有各的爱好,各有各的性情,但都好学、向上、有礼貌、守纪律,一个个怪可爱的"。

在后一先生逝世20周年之际,他的优秀科普作品被重新推出,是对他的一种缅怀和敬意,相信也一定会受到新一代小读者的喜爱和欢迎。作为丛书主编和他当年的小读者,对此我深感荣幸。

尹传红

2017 年 4 月 12 日

目录

培养兴趣	1
一切都在变	8
教学相长	15
抓要害	21
数学课上讲故事	31
平分秋色	44
计算与机智	51
老鼠闯下的祸	60
这还不是代数	68
数字之谜	76
习题参考答案	85
后记	97

培养兴趣

"我最不喜欢数学了!"

"不,数学是最有趣的!"

陈正国老师走过初一班教室右侧最后一个窗子的时候,看见班上的"大个子"王瑜挥舞着刚发下的周考试卷在和发卷子的班长黎善一争辩。全班同学都在看着他们。

这王瑜,今年才14岁,可是身高1.7米,是班上的巨人。他最喜欢打篮球、排球,也热爱各种田径运动。他认为:只要把身体练得棒棒的,将来不论当工人、当农民,或者当个解放军战士,干体力活能顶得上就行。至于那些太费脑筋的数学问题,留给黎善一这号人去想吧!

这黎善一呢,今年整13岁,可是身高只有1.43米,站在王瑜面前,矮了一大截。人们都说他不长个儿,尽长心眼了。他自己呢,却认为个儿矮点没什么,只要学习好就行了。特别在这个时代,首先要学好数学。而他的数学就学得不错,这次考了满分。

其实,大个子王瑜并不笨,他绝不是"四肢发达、头脑简单"的人。数学入学考试成绩还是不坏的,可是这次周考考的都是整数的性质,他答得不怎么好,只得了50分。

王瑜的数学考试成绩不及格,曾经引起陈老师深思:"是不是我死扣了教

育心理学上的教条,说初中学生学习主动性增强了,抽象思维能力发展了,因而忽略了具体的例证,忘了培养兴趣呢?以后可得给他们讲点趣味数学……"

陈老师推开前门走进教室,踏上讲台,全班同学立刻跑回自己的座位上。"起立——坐下!"班长喊了口令后,全班鸦雀无声地都坐好了。

陈老师用眼睛扫视了一遍全教室,最后把眼光停在王瑜的脸上,和他的眼神对视着。陈老师笑容可掬,和和气气地问王瑜:"怎么?一次测验没考好就泄气了?不喜欢数学了?"

王瑜猛地站起来,直统统地说:"是呀,尽讲道理,没意思,不如来点'硬'的!"

陈老师知道王瑜所谓"硬"的,是指那些能演算的数学题或应用题,这些王瑜是不怕的。他就怕那些奇数、偶数、倍数、因数、质数、合数等名词概念,以及用这些概念来推理。

陈老师不仅没有责备他,反而作了自我批评。他说:"我原以为那些计算题,大家在小学都学过了,现在只要总结一下,提升到理论上就行了。看来还是得从具体出发,不能空对空。另外,也没有注意引起大家学习的兴趣。以后,我想还是要经常给大家出点有趣的题目做做。例如,这次考的整数整除性问题,我们如果联系实际举具体例子,就会好懂得多。"

说着,他拿起粉笔在黑板上写了几个数:14,35,46,64,72,91,126,312,473,660,1210。

"你们看这一列数,哪些能被 2 整除?"

"14,46,64,72,126,312,660,1210。"一个女学生抢着站起来,一口气报出了答案。

"你怎么看出来的呢?"陈老师故作惊奇的样子问。

"个位都是偶数嘛!"女学生觉得这问题太简单了。

这位女学生名叫聂金芳,14 岁,她不仅语文成绩全班第一,对数学也很感兴趣。

"对!个位上的数是偶数,这个数就是偶数。个位上的数是奇数呢?那这个数就是……"

"奇——数!"大家异口同声地回答。

"哪几个数可以被 3 整除呢?"

"72,126,312,660。一个数各数位上数字的和能被 3 整除,这个数就能被 3 整除。既是偶数,又能被 3 整除,就能被 6 整除。这 4 个数都是这样。如果数字和是 9 的倍数,这个数就能被 9 整除。例如 72,126。"黎善一不等陈老师追问,一口气说出了几个答案。

"哪几个数可以被 5 整除?"

"35,660,1210。个位上的数字是 5 或 0,这个数就能被 5 整除。"抢着站起来回答的是"大个子"王瑜。同学们都惊奇地望着他,弄得他有点不好意思地低头坐了下来。其实这没有什么奇怪的,因为他找到了考得不好的原因,又得到了陈老师的帮助,注意听讲了。何况这都是以前学过的,所以就脱口说出了正确的答案。

陈老师一看王瑜用心听讲，主动答题，感到非常高兴。他又接着出题："好，现在我要出一个难点儿的问题了。在一位数中，有两个合数，就是4和8。怎样看出一个数能被4或8整除呢？或者换句话说，怎样看出一个数里有因数4或8呢？"

聂金芳又站了起来，答道："一个数，最后两位能被4整除，这个数就能被4整除；最后三位能被8整除，这个数就能被8整除。"

"最后两位能否被4整除，容易看出来，"陈老师继续说道，"最后三位能否被8整除，就比较难看出来了。"他回过身去，在黑板上写了这几个数：128，256，336，424，512，2648，3728。

教室里沉默了一会儿。忽然黎善一站起来说："我看，百位上是奇数，最后两位是4的单数倍；或者，百位上是偶数，最后两位是8的倍数，这个数就能被8整除。所以，这7个数都是8的倍数。"

大家听着黎善一的回答，对照着黑板上的数默算着，点着头。陈老师又提出另外一个问题了："在一位数中，还有一个质数7，怎样看出一个数里含有7这个因数呢？"

教室里又沉默了一会儿。陈老师看着大家默默无言地望着他，就自己解答道："两位数或三位数是比较容易看出来的。如果一个数有好几位，就不容易一眼看出来了。怎么办呢？用'割尾巴法'可以找到答案。"陈老师转身擦去黑板上的数字，重新写了一个数：13573，继续说，"这个数，割去尾巴3，剩1357，减去3的两倍6，得1351……"陈老师一面说，一面写：

$$
\begin{array}{r|l}
1357 & 3 \\
-6 & =3\times 2 \\
\hline
135 & 1 \\
-2 & =1\times 2 \\
\hline
13 & 3 \\
-6 & =3\times 2 \\
\hline
7 &
\end{array}
$$

陈老师写完,面对同学们说:"割尾巴割到末了,剩一个7。最后得数是0或7,或者是7的倍数时,这个数必定是7的倍数。"

王瑜提出了问题:"这是什么原因呢?"

"是呀,这是什么原因呢?谁想出来了请举手!"陈老师用眼光扫视着整个教室,看见好几个同学举起了手,就指了指聂金芳。

聂金芳站起来答道:"我想,去掉个位,又在十位减去个位的两倍,实际上等于减去个位的21倍,再除以10。"

"对啦!"陈老师说,"要知道21正是7的倍数啊!在一个数里多次减去7的倍数,最后剩下的是0或7,或者7的倍数,那么,这个数自然就是7的倍数了。像91、126就是这样。现在,大家看看这几个数是不是7的倍数。"

说完,陈老师又在黑板上写了几个数:

27146   40719

54292   556493

大家立刻算了起来。只听同学们纷纷地在叫喊:"这个数是7的倍数!""那个数也是7的倍数!"

王瑜越算越觉得有趣,要求陈老师再教几个新的。陈老师一听王瑜也想多学点,非常高兴,便说:"怎样判断一个数是否是11的倍数,这是大家学过的,同学们还记得吗?"

王瑜站了起来想回答,可是记得并不清楚,他结结巴巴地说:"好像隔位相加,两个和数相减,得数是0或11的倍数,那么这个数就是11的倍数。"

"对的!"陈老师肯定地说,"那么,这几个数是11的倍数吗?"陈老师在黑板上写了这么几个数:

13579   41536

345345   678876

大家很快做完了,都说:"除了第一个,后面三个都是11的倍数。"

"对!"陈老师接着说,"现在再说一个,就是看13的倍数,也采取'割尾巴法'。"

陈老师一边在黑板上写着，一边说："割去个位数，加上（注意！是加上）个位数的4倍，再割，再加……直到得13或13的倍数，这个数就是13的倍数。"

```
  2 7 7 0 | 3
+     1 2 |  ………3×4
  ─────────
    2 7 8 | 2
+       8 |  ………2×4
  ─────────
      2 8 | 6
+     2 4 |  ………6×4
  ─────────
      5 2
```

"52是13的倍数，所以27703也是13的倍数。"陈老师一边说着，一边看着大家。他看出大家有疑问，便将这疑问提了出来，"这是什么道理呢？知道的请举手！"他一看只有黎善一举着手，便指了指他。

黎善一站起来说："去掉个位数，同时加上它的40倍，实际上是加上个位数的39倍，再除以10。39是13的倍数。这个数如果本是13的倍数，再加上13的倍数，那它还会是13的倍数。直到最后，如果得13，或者得13的倍数，就能肯定这个数是13的倍数。"

陈老师点点头，又转过身在黑板上写了几个数：

42146　　　55445

83145　　　582127

同时说："大家再看看这几个数是不是13的倍数。"

大家做完了，都说："第三个数不能被13整除，其他三个都可以。"

"对啦！"陈老师高兴地说，"学会了这些，我们就可以做下面的数学游戏了！"说着，一口气在黑板上写了10个题目：

1. 下面几个数里，哪一个数可以同时被2,3,7整除？

　　169　　168　　446　　521　　608　　1212

2. 下面几个数里，哪一个数可以同时被3,4,11整除？

　　44　　99　　132　　286　　3174　　13574

3. 下面几个数里,哪一个数可以同时被 7,11,13 整除?

    572   1339   8402   9768   12357   234234

4. 下面几个数里,哪一个数被 3,5,7 除都余 2?

    678   452   557   632   718   1427

5. 下面几个数里,哪一个数同时满足被 3 除余 2、被 5 除余 4、被 7 除余 6、被 11 除余 10?

    108   316   483   675   1154   2468

6. 如果 $7,8,a$ 的平均数是 9,那么 a 是多少?

7. 下面哪一组数是连续奇数?

    (1) 1,2,3   (2) 2,3,4,5   (3) 6,7,8

    (4) 7,9,11   (5) 9,11,12   (6) 10,12,14,15

8. 两个连续自然数的和是 49,较小的一个数是多少?

    18   21   24   28   29   30

9. 两个连续偶数的和是 54,较大的一个数是多少?

    18   24   26   28   30   32

10. 下面哪些题目的结果是偶数?

    (1) 两个奇数的和;   (2) 两个偶数的差;

    (3) 一个奇数与一个偶数的和;   (4) 一个奇数与一个偶数的积;

    (5) 两个奇数的积;   (6) 三个偶数的积。

有的同学一个劲儿地抄题,有的同学先在找答案,有的同学边抄边算。

陈老师写完,回头对大家说:"这不是作业,大家有空就做。趣味数学问题,必须动手去做,你才会感到兴趣,也才会增长智慧。"

一切都在变

"一切都在变,数也是可以变的。"

陈正国老师正在上数学课。他站在讲台上讲着课,同时两只眼睛在不停地扫视着整个教室。他注意着谁在用心听讲,谁的思想开了小差,他讲的哪一段特别引起了谁的注意,他讲的哪一段又对谁是毫无吸引力的。

比方这时候,黎善一、聂金芳他们是用心听讲的,可是王瑜心不在焉,时不时望望窗外晴朗的天空、平整的草地,他是不是又在想着他传递的那个篮球,或者他的排球的扣球了?不错,他手里在搓一个纸团,大概又要向谁的后颈窝掷去了。

于是,陈老师将声音压低八度,想引起王瑜的注意。他说:"古代人孤立地看数,把数看成是静止不变的,一是一,二是二,说一不二,绝不能不三不四、杂七杂八……"

他发现王瑜不再搓纸团了。他发现聂金芳特别注意起来,眼睛里放出了光芒,似乎在研究这几句夹着数字的口头语是否用得恰当。于是他将声音恢复到正常高度,继续讲了下去:"到了17世纪,法国数学家笛卡儿将变数引入数学,这才改变了一般人对于数的固定不变的看法。

"比如跑步,某某学生1小时38分26秒跑完了一万米,平均一分钟跑一百零几米,如果速度不变,那么跑的时间越长,跑的距离成正比例越远。这个距离是好计算的,因为距离＝速度×时间嘛。但是实际上,他每分钟恰好都跑这么多米吗?不是,他跑的速度分分秒秒都在变……"

陈老师发现王瑜在用心听讲,王瑜也许在想,开跑和最后冲刺那阵子跑得最快吧!于是陈老师又接着讲下去:"又如,物体自由落下的速度和距离,它的变化是有规律的,可以计算出来。"陈老师随手在黑板上写了一个自由落体时间和距离的对应表:

时间(秒)	$\frac{1}{4}$	$\frac{1}{2}$	$\frac{3}{4}$	1	$1\frac{1}{4}$	$1\frac{1}{2}$	$1\frac{3}{4}$	2
距离(米)	0.3	1.2	2.7	4.9	7.65	11	15	19.6

"这里,时间是按$\frac{1}{4}$秒增加,距离呢?是按$\frac{加速度}{2}\times$时间^{2}变化着。"他忽然发现王瑜又在搓纸团子了,便赶紧加了一句,"这个,大家将来在物理课上要学的。"接着,他在黑板上写了一列数:1,5,9,7,13,11,17。

陈老师指了指黑板上刚写的一列数说:"所以,我们不要孤立地看一个数,要把它看作集体的一员,要找找这些数有什么共同特性。"

许多同学举起了手。黎善一没有举手,他是故意把这个发言的机会让给别的同学的。聂金芳举了手,她肯定是知道答案的。王瑜也举了手,他也看出来了吗?陈老师指了指王瑜。

王瑜站了起来,说:"都是单数嘛!"

"对,都是奇数!"陈老师点了点头,又在黑板上写了一列数:65,91,39,52,143,169。

"都是奇数!"王瑜没有举手就喊了起来。

"不对,52是奇数吗?"陈老师问,"谁看出来了?"他指了指举手的聂金芳。

"都是13的倍数!"聂金芳站起来答。

"对了!"陈老师接着说,"上面两列数,各有共同特性,但次序是随便排列的。下面我写的是按一定规律排的数列,你能在每列数后再添上两个数吗?"陈老师一边说着话,一边在黑板上写了三列数:

(1) 2, 3, 5, 8, 13, 21, ____, ____;

(2) $\frac{1}{2}$, $\frac{2}{3}$, $\frac{3}{4}$, $\frac{4}{5}$, $\frac{5}{6}$, $\frac{6}{7}$, ____, ____;

(3) $\frac{8}{9}$, $\frac{6}{12}$, $\frac{4}{18}$, $\frac{3}{24}$, ____, ____。

"大家看看,这几列数,是按什么规律变化的?谁找出了规律,谁就知道接下去应该填什么数了。"

有的同学赶紧把这三列数抄下来,有的却先不抄,用心地在找规律。

"谁来做第一题?"陈老师问。

好几个同学举起了手。陈老师指了指聂金芳。她立刻飞跑上台,在第一列数后面,添了34、55两个数。

陈老师微笑着点了点头,同时问:"你为什么填这两个数?"

"因为从第三个数起,每个数都等于前面两个数的和。"聂金芳说完,又飞跑回自己的座位上。

"谁做第二题?"陈老师又问。

"我来做。"

陈老师一听就知道是王瑜。王瑜既举手又喊出声,同时不等陈老师指定,就起身往讲台上走去。陈老师没有拦阻他,怕挫伤他的积极性。只见他在第二列数末尾,写了$\frac{7}{8}$、$\frac{8}{9}$两个数,同时对大家说:"分子比分母少1,每个分数的分子和分母都分别比前面一个分数多1。"说完,他跑回座位坐好了。

"第三题呢?"

陈老师一看,全班只有黎善一一个人举了手。便指了指他,同时说:"你说说这些数是按什么规律变化的吧!"

黎善一说:"猛地一看,这几个分数有点怪,分数值不是按一定比率递减的,单看分子或分母,也不知道是按什么规律变化的。可是有一点,分子在变小,分母在变大,而且是呈反比变化的。"

"不如说,"王瑜插嘴道,"分子乘分母的积都是72。"他觉得黎善一说得太抽象、太啰唆,不如他说得具体而又简单。

陈老师对黎善一的解答很满意,对王瑜的插嘴更加满意,因为这证明:王瑜又在用心听讲,正是"乘胜追击"的时候了。于是他说:"这还不算难的哩,大家看这两道题。"接着他在黑板上写:

(1) 6,9,15,27,51,99;

(2) 5,7,13,31,85,247。

写完以后,陈老师又问:"大家看这两列数前后两数之间有什么关系?"

"越来越大的关系!"王瑜一说,大家都笑了。谁不知道呀!还用你说。

陈老师却没有笑,还说:"王瑜说得对嘛!不过,是按什么规律变大的呢?"

"9比6大3,15比9大6,27比15大12……"聂金芳自言自语地念叨着。

"从后面几个数看得比较清楚:各个数都比前面的数大一倍的样子。对,大一倍少3!"黎善一开始是自言自语,最后,他大声把答案说了出来。

"对了!"陈老师一面说,一面在黑板上写了一个:$2n-3$。

"那么,下一列数就是:$3n-8$了!"黎善一得到启发,高兴地作了解答。

"对吗?"陈老师问。

"对!"大家齐声回答。

最后,陈老师说:"好,我今天就讲这些,可是根据这些,我们可以变出很多数学游戏题目来。"

大家一听做数学游戏,都很高兴,都争着说:"陈老师,出20个题目吧!"

"我出10个题目怎样?可是这不是作业,谁有时间就做做。"陈老师说完,就在黑板上写了起来:

1. 根据下面各数列的性质,从后面括号中找出它们同类的数来:

(1)1,8,27,64,125(107,216,96,381);

(2)44,22,99,88,121(196,231,156,48);

(3)34,102,85,68,187(95,44,23,51)。

看了这个题目,聂金芳忍不住说:"这个题目,可以叫'物以类聚,人以群分'。"

王瑜听了说:"不如叫'鱼找鱼,虾找虾,乌龟找王八'吧!"说得大家都笑了起来。

班长黎善一制止他们:"上课不要随便说话!"

王瑜正要说他,只见陈老师回头看了看,就连忙埋头找纸和笔准备抄题目了。

陈老师继续出题:

2. 从括号里找一个数,作为最后一个分数的分子。

(1) $\dfrac{27}{40}, \dfrac{15}{28}, \dfrac{4}{17}, \dfrac{?}{31}$ (20, 18, 32, 45);

(2) $\dfrac{9}{19}, \dfrac{7}{15}, \dfrac{2}{5}, \dfrac{?}{11}$ (5, 7, 9, 11);

(3) $\dfrac{15}{27}, \dfrac{11}{19}, \dfrac{9}{15}, \dfrac{?}{11}$ (3, 5, 7, 13)。

3. 在下面每列数中,划去一个不合规律的数。

(1) 8, 14, 19, 24, 29, 34;

(2) 20, 35, 50, 60, 65, 80;

(3) 3, 9, 18, 27, 81, 243。

4. 找规律,在横线上填数。

(1) 120, 105, 90, 75, ____, ____, ____, 15;

(2) 3, 6, 9, 15, ____, ____, 63;

(3) 1, 4, 9, ____, 25, ____, 49。

5. 下面每列数中,都有一个错误的数,请从括号里找出一个数替换它。

(1) 15, 28, 43, 54, 67, 80 (30, 35, 41);

(2) 64, 32, 16, 12, 4, 2 (6, 8, 20);

(3) 1, 4, 9, 15, 25, 36 (16, 32, 45)。

6. 从括号里找出一个数,放入前面数列末尾的横线上。

(1) $\dfrac{1}{3}, \dfrac{3}{6}, \dfrac{6}{9}, \dfrac{10}{12},$ ____ ($\dfrac{13}{15}, \dfrac{14}{16}, \dfrac{14}{15}, \dfrac{15}{15}, \dfrac{15}{17}$);

(2) $\dfrac{3}{8}, \dfrac{5}{9}, \dfrac{9}{12}, \dfrac{15}{17},$ ____ ($\dfrac{18}{15}, \dfrac{16}{18}, \dfrac{19}{20}, \dfrac{23}{24}, \dfrac{21}{22}$);

(3) $\dfrac{2}{5}, \dfrac{5}{9}, \dfrac{11}{17}, \dfrac{23}{33},$ ____ ($\dfrac{26}{35}, \dfrac{47}{65}, \dfrac{97}{98}, \dfrac{83}{113}, \dfrac{95}{129}$)。

7. 从括号里找出一个分子和分母的关系与前面各分数相同的分数。

(1) $\dfrac{9}{6}, \dfrac{7}{8}, \dfrac{4}{11}, \dfrac{10}{5}$ ($\dfrac{10}{15}, \dfrac{24}{6}, \dfrac{3}{12}, \dfrac{28}{14}$);

(2) $\dfrac{6}{14}, \dfrac{9}{20}, \dfrac{24}{50}, \dfrac{13}{28}$ ($\dfrac{43}{66}, \dfrac{28}{58}, \dfrac{11}{33}, \dfrac{16}{30}$);

(3) $\dfrac{2}{3}, \dfrac{3}{8}, \dfrac{5}{24}, \dfrac{7}{48}$ ($\dfrac{6}{9}, \dfrac{3}{4}, \dfrac{6}{35}, \dfrac{2}{5}$)。

8. 找出前一列数的变化规律,填写后一列数的空白。

(1) 1,9,25,49;　　　4,16,36,___;

(2) 16,24,36,54;　　8,12,18,___;

(3) 6,8,14,32;　　　7,11,23,___。

9. 下列各对数中,有一对数的关系与其他对数的关系不同,请把它划去。

(1) 3,10;　　5,12;　　8,15;　　9,18;　　15,22;

(2) 8,14;　　10,16;　　12,22;　　15,28;　　17,32;　　21,40;

(3) 7,18;　　9,16;　　12,16;　　14,11;　　15,10;　　17,8。

10. 在下面空白方格中,填入适当的数:

(1)

4	10	7	13
6	12	9	

(2)

18	45	24	60
12	30	16	

(3)

8	2	32
64	16	256
32	8	

教室里一阵轻微的嗖嗖声,同学们都在用心地抄写题目。陈老师看见王瑜也在嗖嗖嗖地抄写题目,高兴地想:"一切都在变,数是可以变的,人也是可以变的。"

教学相长

昨天是星期六,陈老师找黎善一和聂金芳谈了话,说王瑜对数学的态度有了转变,希望他们两个在这个节骨眼上好好帮助王瑜。

今天星期天,吃完早饭,黎善一就去找聂金芳,邀她一起上王瑜家去。

聂金芳正坐在窗下看《算得快的奥秘》。黎善一在窗外叫了她好几声,她才听见,也立刻知道了是什么事,但似乎还舍不得将书放下。

黎善一笑着在窗外喊道:"净看那个有什么用,主要是多练习,路上我出题目给你做。"聂金芳这才将书收好,走出门来。

一上路,黎善一就问聂金芳:"25乘4得多少?"

"哟,这还不知道,不是100吗?"

"125乘8呢?"

"1000!"

"37乘6?"

"222!"

"34乘3?"

"102!"

"67乘3?"

"201!"

"34乘36？"

聂金芳对答如流，但碰到这道题，虽然会算，也不得不将速度慢下来，她小声念着："3加1得4，四三一十二，四六二十四……"最后，大声说出了答案，"1224！"

"13乘11再乘7？"

聂金芳小声念着："13乘11，143；143乘7，本个（指两数相乘之积的个位数）7，后进3，本个8，后进2，本个1……"最后大声说出了答案，"1001"。

王瑜家并不远，聂金芳做完这几道题，就到了王瑜家门口。王瑜穿着球鞋、运动服，抱着个篮球，正准备出去哩！他一见黎善一他们来了，只好打转，将他们往屋里带。

聂金芳说："哟，你打球去呀！"

"不要紧！"王瑜将篮球往床下一滚。

"上午做功课好些，下午再运动！"黎善一不知从哪里学来的"理论"，自己也不敢说这话百分之百正确，就把话题一转，开门见山地说，"昨天陈老师说你对数学有了点兴趣，让我们来看看，不知道你还有什么困难没有？"

"兴趣还是有的，就是老算不快，老是比别人慢一步！"王瑜直统统地说。

"《算得快的奥秘》看过吗？"聂金芳问。

"看过！"

"主要是多练习！"聂金芳想起了黎善一的话。

"有些基本规律要掌握。"黎善一说，"像交换律、结合律哪！"

"不就是 $a+b=b+a$ 之类吗？"王瑜说。

"是呀！"黎善一本来还想多说点道理，但想起王瑜不大喜欢抽象思维，决定还是从具体例子入手，就在王瑜书桌上拿过几张草稿纸，写了一个题目：

$356+781+644+219=$？

"像这个题目，只要你组织一下，1秒钟就可以求出答案。"

"是吗？"

王瑜被黎善一的话勾起了兴趣，便和聂金芳一起凑过来看题目。聂金芳

一眼就看出了门道,提醒王瑜说:"还要善于找补数。"

在两位同学的提示下,王瑜也立刻找到了窍门,便说:"356 和 644 互补,781 和 219 互补,两个 1000 就是 2000!"

黎善一看王瑜有了兴趣,立刻又出了一道题:

$2364-(258+364)=?$

聂金芳连忙提醒王瑜:"注意括号前是减号!"

"知道!"王瑜说,"括号前是减号,去掉括号,原来括号里的加号要变成减号。"

黎善一和聂金芳点了点头。

王瑜得到鼓励,继续说:"2364 先减 364,得 2000,2000 减 258,得 1742。742 是 258 的补数。"

"头头是道,头头是道!"聂金芳连连赞叹。

黎善一看王瑜毫无惧色,又写了一道题:

$6.323 - 4.987 = ?$

他还说:"这可要动点脑筋了!"

谁知王瑜仍然面不改色,说:"这好办!把 4.987 看成 5,6.323 减 5 得 1.323,再加上 0.987 的补数 0.013,得 1.336!"

"行呀!"黎善一想换个方向进攻,便出了一个别样的题目:

$26 + 25 + 26 + 26 + 26 = ?$

"这好办!把它们看成 5 个 26,得 130,再减去 25 比 26 少的那个 1,就得 129。"

黎善一指了指聂金芳说:"上呀!"

聂金芳懂得黎善一的意思是叫她也出一两道题,便在纸上写了题目:

$12 \times 56 \times 125 = ?$

王瑜看了题目,搓搓手说:"125 乘 8 得 1000,可是这里没有 8。"

"怎么没有 8?"聂金芳指了指 56。

王瑜恍然大悟,立刻写了下面的式子:

$12 \times 56 \times 125$

$= 12 \times 7 \times 8 \times 125$

$= 84 \times 1000$

$= 84000$

王瑜刚做完,聂金芳又在另一张草稿纸上写了一道题目,交给王瑜,题目是:

$897 \times 13 \times 11 \times 7 = ?$

王瑜一看,这道题可不好做,正要动手算 897×13 等于多少,可是聂金芳说:"你先算算 $13 \times 11 \times 7$ 得多少。"

王瑜一算：13×11×7＝1001,恍然大悟,就说："这就好算了。"

他列的算式是：

$897 \times 13 \times 11 \times 7$

$= 897 \times 1001$

$= 897897$

黎善一看了这两道题,有所领悟,便说："有时集中算快些,有时分散算快些。"说着,随手写了两个题目：

$(56 + 72 + 64) \div 8 = ?$

$6.4 \times 57 + 6.4 \times 68 = ?$

聂金芳正想插嘴,黎善一摇了摇头,意思是要让王瑜自己算。王瑜仔细看了看题目,便说："上面的题分散算快些,下面的题集中算快些。"说着,写了两个算式：

$(56 + 72 + 64) \div 8$

$= 56 \div 8 + 72 \div 8 + 64 \div 8$

$= 7 + 9 + 8$

$= 24$

$6.4 \times 57 + 6.4 \times 68$

$= 6.4 \times (57 + 68)$

$= 6.4 \times 125$

$= 0.8 \times 8 \times 125$

$= 0.8 \times 1000$

$= 800$

算完了,王瑜看了看黎善一,又看了看聂金芳,似乎是等着他们继续出题目。可是黎善一说："我们给你出了这么多题,你也该给我们出几个题目了。"

王瑜一听急了,喊道："哟,这可不容易,这比解题还难。"

"试试看吧！"聂金芳鼓励他。

"出一般题目当然没有问题,"王瑜说,"可是得出有算得快窍门的题呀！"

"对啦!"黎善一高兴地说,"你弄清了目标就好办了,知难不难嘛!"

"那这样,我也出,你们也出,咱们一边出,一边做,怎样?"

"行!"聂金芳和黎善一齐声回答。

三人达成了协议,便分头出题,还互相修改,共同解答。

他们出的题目是:

1. $1278 + 7654 + 8722 + 2346 = ?$

2. $48 + 49 + 48 + 46 + 47 = ?$

3. $4567 - (1985 + 2567) = ?$

4. $3784 - 1856 - 144 = ?$

5. $7.236 - 5.789 = ?$

6. $3.56 + 1.78 - 2.56 - 1.78 = ?$

7. $12\frac{7}{11} - (1\frac{15}{16} + 8\frac{7}{11}) = ?$

8. $425 \times 37 + 175 \times 37 = ?$

9. $(78 + 53 + 64) \times 0 + 28 = ?$

10. $(\frac{5}{12} - \frac{5}{48} + \frac{7}{36}) \times 24 = ?$

时间过得真快,一晃就是11点半了。黎善一对聂金芳说:"我们该走了!"

聂金芳点了点头,同时对王瑜说:"耽误你上午打球了。"

"哪儿呀!"王瑜说,"应该是我谢谢你们教了我很多算得快的窍门。"

"谢谢他吧!"聂金芳指了指黎善一说,"我原来怕耽误时间,是他拉我来的,没料想自己也学习了不少。"

"教学相长嘛!"最后黎善一总结说道。

抓要害

"十一"快到了。为了迎接国庆,班里准备将教室布置一下。黎善一、王瑜、聂金芳接受的任务是制几盏花灯:一盏"十"字花灯、一盏"一"字花灯,还有一盏五星红灯。

王瑜用竹篾扎成了3个架子,黎善一裁好了纸,聂金芳将纸糊了上去。

"十"字花灯和"一"字花灯先糊完。黎善一将它们放在讲台上,仔细地端详着,他忽然给王瑜和聂金芳提出了一个问题:"两个花灯一共有8格,将它们分别填上1~8这8个数字,使每行3个数字的和都相等,行吗?"

"你说,都等于多少吧。"王瑜问。

黎善一粗略地估计了一下,说:"13,怎么样?"

"那还不容易!"王瑜立刻拿起一张纸,画了个"十一"图,胡拼瞎凑起来。

"你这样瞎凑不行,太费时间了!"聂金芳一边还在糊那个五星红灯,一边给王瑜提意见。

"不就8个数字吗？一会儿就凑成了。"王瑜固执地说。

"你别看就8个数字。"黎善一说，"如果不是瞎猫碰上死耗子，你得要凑$1×2×3×4×5×6×7×8=40320$次哩！"

"有这么多吗？"王瑜还不大相信，又说，"那你说怎么办？"

"我们可以通过计算算出来，同时要抓关键。"黎善一说，"你说这8个格子，哪个格子里的数是关键？"

"那我怎么知道。"

"动动脑子嘛，你看哪个格子里的数特殊些。"

王瑜研究了一会儿，终于大声地说："我看就这'十'字中心的数特殊，别的数都只算一次，它却算了两次。"

"对啦！"黎善一高兴地再问，"从1加到8得多少？"

"1加8得9,乘上项数的一半4,得36！"王瑜答道。

"这里每一行数的和是13,共有3行,得多少呢？"

"3个13,39嘛。"

"怎么多出1个3呢？"

"因为中心那个特殊数多算了一次嘛！"王瑜忽然高兴地跳了起来，喊道，"那就是说，'十'字中心应该填个3啰。"说着，他在纸上"十"字中心格里填了个3。

"两边和上下格里该填几呢？"黎善一抓紧时机，乘胜追击。

王瑜想了一会儿，说："各填多少不知道，反正两边或者上下两数加起来得10。"

"哪两个数加起来得10呢？"

"1加9,不行,没有9;2加8,行;3加7,又不行,中间用过了3;4加6,行;5加5,不行,两个5。"王瑜说着,把2和8、4和6分别填在"十"字两边和上下格里,然后把剩下没用过的3个数字填在"一"字的3个格里,一加,正好是13。

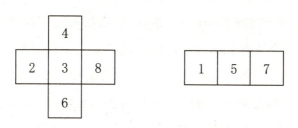

在旁边糊着五星红灯的聂金芳,忽然也提出了一个问题:"如果要求每行3个数的和是14呢?"

黎善一说:"好,聂金芳也出题目了!王瑜,你一定不费吹灰之力就可以算出来。"

王瑜果然开动脑筋和嘴巴算了起来:"1行14,3行42,比36多6——'十'字中心格里该填6!左右或上下两数和该是8!"

王瑜又动起手来,填出了新的答案。

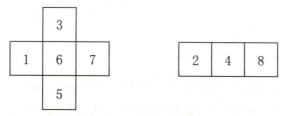

"真是难者不会,会者不难啊!"王瑜说起大话来了。

"王瑜不要骄傲,我给你出个别的题目!"聂金芳拿起刚做好的五星红灯,说,"这个题目可要难点儿。"

她放下红灯,拿起一张纸,在上面画了一个五星,又填了几个数字,然后说:"这里有11个圆圈,要填上1~11这11个数,其中1、9、8、5已经填好了,请你将其余的数填上,使每条虚线上3个数的和相等。"

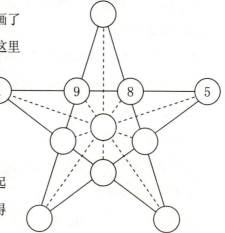

王瑜这次没有瞎凑,而是先计算起来。他一边想,一边念:"从1加到11得

66,5条虚线上数的总和应当是5的倍数。中心数字是关键,它多用了4次。因此66加上一个数的4倍,和是偶数,因此必须是10的倍数。凑成70吗?得加上1的4倍,可是,1已经用过了,不行;凑成80吗?得加上14,14不是4的倍数,不行;凑成90吗?得加上24,24正好是6的4倍,那中间得填个6。"

王瑜在五星正中填了个6,又在1的对面填了个11,在9的对面填了个3……一会儿全填好了。

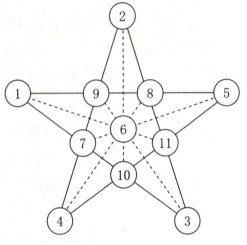

填好以后,三个同学将五星红灯挂在门口,将"十""一"两个花灯挂在它两边。挂完了,聂金芳对王瑜说:"现在该轮到你给我们出题了。"

王瑜说:"我还能出题?"

黎善一鼓励他道:"试着出吧!"

王瑜看了看教室,课桌集中摆成8堆,中间空出一块,作为游戏场地。于是试着说:"能不能将1~8这8个数排在四周,使每边3个数字的和相等呢?"

"比方说,"黎善一补充道,"等于13吧!"

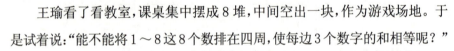

"我们可以计算一下,"聂金芳说,"一边13,四边共52,可是1~8的和是36,少了16,也就是四角数字 a、c、f、h 的和等于16。"

"4个'要害',这就麻烦了。"王瑜虽然这么说,可是并没有丧失勇气。他拿起笔,在纸上写了这么几个式子:

$1+2+5+8=16,$

$1+3+5+7=16,$

$1+3+4+8=16,$

$1+4+5+6=16,$

$2+3+4+7=16,$

$2+3+5+6=16,$

……

"呀,太多了!"王瑜不想写了。

"我们试排一下,看哪几个可以合乎要求。"黎善一说。

"我做第一、二个!"聂金芳抢着说。

"我做第三、四个!"王瑜也说。

"那我只好做第五、六个啰!"黎善一说。

一会儿,聂金芳做出一个。又过了 30 秒钟,王瑜也做出了一个。

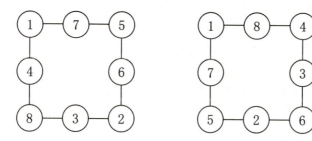

黎善一做不出来。他说:"我只要把你们的转一个 90 度或者反过来,就可以变成几个新的。"

王瑜反对,说:"那不算!"

"那怎么不算?"黎善一严肃地说,"如果彻底研究,就应该把所有情况,都摆出来哩。"

"那太麻烦了,算了吧!"

黎善一见王瑜反对,也只好算了,但他告诉大家:"我知道有一种三角形填数游戏,有 864 个解哩!"

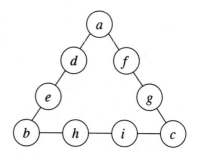

"是怎么个填法?"王瑜着急地问。

"题目是:将 1～9 这 9 个数字填入三角形的边上,要使每边 4 个数字的和相等。"黎善一不慌不忙地说。

"让我先来计算一下,"王瑜立刻算了起来,"从 1 加到 9,得 45,3 个角上的数,假定它们是 1、2、3 吧,和就是 6。每边 4 个数字的和就该是……"他拿起笔来列了个算式：

(45＋6)÷3＝17。

这时候，聂金芳在另一张纸上也画了一个图，同时说："d、e 的和应当是 14，它们可能是 5、9 或者 6、8；f、g 的和应当是 13，它们可能是 4、9，5、8 或者 6、7；h、i 的和应当是 12，它们可能是 3、9，4、8 或者 5、7。"说完，她画了两个图。

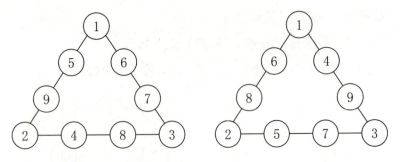

"不就这两种解吗？你刚才怎么说有864个解？"王瑜质问起黎善一来了。

"哟，这只是各边数字和为17的两种解呀！"黎善一争辩道，"还有和是19的4种，20的6种，21的4种，23的2种，总共18种。"

"那还差得远哩！"王瑜穷追猛打，刨根问底。

"每种又有很多变化呀！"黎善一不慌不忙地说，"1在顶上，2、3可以互换；2在顶上，1、3可以互换；3在顶上，1、2可以互换。这不就有6种不同的排列形式了吗？"

"还有呢？"

"拿左边这个图说，5和9、6和7、4和8也可以互换。所以共有 6×2×2×2＝48 种排列方式。18种解法乘上各有48种方式，不就是864种解吗？"

"啊，真了不起！"王瑜和聂金芳不禁都惊叹起来。

"这种填数游戏本身就有很多花样，有填在圆圈上的，有填在多边形上的，甚至还有填在立体图形上的。"

"是吗？那你再出一些题目给我回家算算吧！不过，每个题目我只给一个答案。"

"行呀！"黎善一说，"不过，题目还是大家出吧！"

"各种花样都来一点,我都想试试。"王瑜说。

"花样尽管多,但是都要会抓要害。"聂金芳一看王瑜跃跃欲试,高兴地鼓励他。

接着,他们三个人一起凑了10个题目,又写了答案。

希望同学们都动手动脑筋做做,不要急着看答案,这样才会感到趣味无穷。

1. 将 1～6 这 6 个数字,填入下图小圆圈里。

(1) 使每条直线上数字的和等于9,每个圆上数字的和等于12;

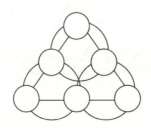

(2)使每条直线上数字的和等于12,每个圆上数字的和等于9。

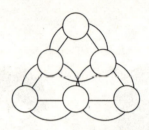

2. 将1～7这7个数字填入下图各小圆圈里,使每条直线、每个圆上3个数字的和都等于12。

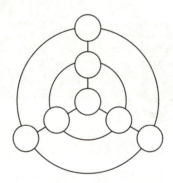

3. 将1～7这7个数字填入下图空格里,使各圆圈内四个数字之和依次都等于13、14、16、18或者19。

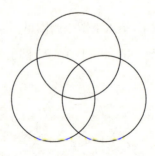

4. 将1～9这9个数字填入下图各圆圈里,使每个大圆上5个数字之和都等于22。

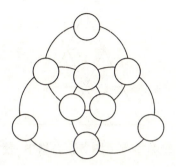

5. 将1～9这9个数字填入下图各小圆圈里,使每个圆上4个数字之和都等于20。

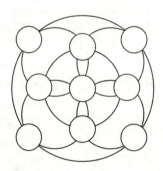

6. 将1～9这9个数字填入下图各小圆圈里,使每条线、每个三角形上3个数字的和都相等。要求至少给出两个答案。

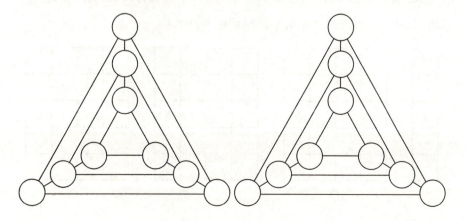

7. 将1～9这9个数字填入下图各格中,使每4个数字组成的三角形中数字的和等于20,每5个数字组成的梯形中数字的和等于25。

8. 将1～10这10个数填入下图各正方格中,使每边各数之和依次都等于18、19、20或22。

9. 将1～11这11个数填入"六一"各格中,使每行各数之和等于14。

10. 将1～50这50个数填入下图各格中,使每行或每列各数的和等于100。其中1、9、8、5这4个数字已经填好了。

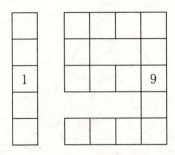  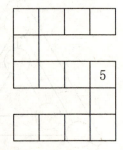

数学课上讲故事

国庆节过了,但是国庆节日的一些活动还在继续。当同学们重新聚齐在教室里,暖和的太阳斜斜地照射在身上的时候,大家热烈地谈论着黎善一他们出的那些数学游戏题。

陈正国老师忽然出现在讲台上,他接过同学的话题说:"这些题目是很有趣的,但是它们还不是这类游戏的正宗呢。这类游戏的正宗叫幻方,你们听说过河图洛书的故事吗?"

"听说过。"答话的是聂金芳。

"那你来说说。"

聂金芳大大方方地走上讲台,对同学们说:"传说在伏羲氏的时候,有一匹龙马从黄河里跑出来,背上背了一幅'河图',还有一只神龟从洛水里爬上来,背上背了一幅'洛书'。伏羲氏根据河图洛书画成了八卦,这就是古书《周易》的来源。"

王瑜一边听聂金芳说着,一边在想:嘀,想不到她对这件事还这么清楚。他又看了看黎善一,只见黎善一也在用心听讲。王瑜心想:黎善一肯定知道这个故事,可是他还在津津有味地听着,那么自己更应当虚心学习了。

他忽然听见聂金芳又在说话，抬头一看，只见聂金芳在黑板上画了两幅图。

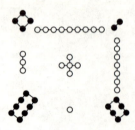

4	9	2
3	5	7
8	1	6

聂金芳指着左边的图说："这就是河图，用阿拉伯数字翻出来，就是右边的图。它是由1～9这9个数字构成的一幅奇妙的图案。"

"怎么个奇妙法呢？"聂金芳似乎知道王瑜在想什么似的自问自答道，"在这个图里，每行、每列以及对角线上的3个数相加都得15。这类图形，外国人叫它'幻方'或'魔方'，我国宋朝数学家杨辉叫它'纵横图'。"

"这个图是怎样作出来的呢？"聂金芳似乎又在答复王瑜的问题，"杨辉对它的造法有这样四句话：'九子斜排，上下对易，左右相更，四维挺出。'意思就是先把1～9这9个数按次序斜着排好，再把1和9、7和3对调，再把4个偶数2、4、6、8向外拉出去，就成了上面那个幻方了。"

聂金芳一边说着，一边在黑板上画了一个图：

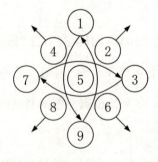

说完，聂金芳回到座位上坐好了。

陈老师补充道："我国民间有个歌诀：四海三山八洞仙，九龙五子一枝莲，二七六郎赏月半，周围十五月团圆。说的就是它。"

陈老师又说:"这个幻方,有的传说是大禹治水时出现的,那离现在有4000多年了。如果以文字记载为准,只从春秋时期的《大戴礼·明堂篇》算起,那也有2000多年了,所以它是世界上最早的幻方。国外最早的幻方是11世纪在印度卡俱拉霍发现的一个刻有四阶纵横图(见图1)的碑文,到14世纪才传到欧洲。

7	12	1	14
2	13	8	11
16	3	10	5
9	6	15	4

图1

"而这时候,我国宋朝哲学家邵雍(1011—1077年)也发现了一个四阶纵横图,称为'康节神数'(见图2)。稍晚,杨辉在1275年将三阶到十阶的纵横图全列出来了。

1	14	11	8
12	7	2	13
6	9	16	3
15	4	5	10

图2

"最早,人们用它作护身符,以为它可以驱邪避灾。后来,人们将它当作有趣的游戏,认为它可以增进智力。电子计算机出现后,它获得了新的广泛的应用,在程序设计、组合分析、实验设计、人工智能、图论、博弈论等方面都被重视,甚至发展出一门内容极为丰富的数学分支——组合数学哩!"

陈老师看了看同学们惊奇的眼光,怕自己扯远了,立刻把话题拉回来,说:"大家看,这两个四阶幻方有些什么特性呢?"

"每行、每列、对角线上4个数的和都等于34!"大家七嘴八舌地抢着说。

"还有吗?"

大家没说话了。只有黎善一举起了手,陈老师指了指他。

黎善一站起来说:"中心、对边(如12、1、6、15)、四角(包括二阶正方形的4个数,三阶正方形的4个角)的和都是34。"

7	12	1	14	7	12	1
2	13	8	11	2	13	8
16	3	10	5	16	3	10
9	6	15	4	9	6	15
7	12	1	14	7	12	1
2	13	8	11	2	13	8
16	3	10	5	16	3	10

图3

陈老师等黎善一说完坐下,又补充说:"如果把这个图扩大(见图3),从里面随便划出'十六宫'来,都是一个幻方哩——这叫作'十六宫的美妙解'。"

同学们在练习本上计算着,惊叹道:"啊呀!这该有多少种解法呀!"

"不就 16 种吗?"一个同学说。

"还有别的排列法哩!"另一个同学说。

王瑜也在画着,计算着,也弄不清会有多少种解法,于是就问陈老师。

陈老师反问大家:"三阶幻方有多少种排法?"

大家答不出,于是抢着排起来。排来排去,除了 8 种摆法,再也排不出什么新花样了。于是有人喃喃地说:"四阶幻方,大概也不会太多。"

可是陈老师在说话了:"根据美国幻方专家马丁·加德纳的研究,已经知道的就有 880 种哩!"

"啊呀!这么多?"大家都大吃一惊。

"这也不算多,五阶幻方——据电子计算机算出——有 275305224 种排法,六阶幻方,估计有几百万种排法,七阶幻方,有 363916800 种排法,八阶幻方的排法数量可能和我国人口数差不多了。"

"这么多,都是怎么排出来的呀?"有人在问。

"排列的方法很多,我要把它们全说出来,够讲一年的。现在只举几个例子。

"一种叫交换法。我们先将 1 ~ 16 按顺序排在这框子里(见右图),它其实就有很多组是合乎四阶幻方要求的哩!大家找找看,哪 4 个数加起来得 34?"

1	2	3	4	10
5	6	7	8	26
9	10	11	12	42
13	14	15	16	58
28	32	36	40	

"四角、中心、中对边、对角线……"大家抢着回答。

"对啦!"陈老师高兴地点点头说,"可是每一横行、竖列的 4 个数的和,却不等于 34。它们各等于多少呢?"

大家计算着,嚷着,陈老师把大家说的答案写在方阵右边和底下。写完了,他对大家说:"我们仔细研究这几个答案,就可以看出一个规律,第一行比 34 少多少,第四行就比 34 多多少;第二行和第三行、第一列和第四列、第二列和第三列也有这么个关系。所以我们只要将 16 个数中的一半互相对调,就可以得出一个幻方来。

"例如,我们将对角线上各数倒过来,或者说,都拿17去减它们,就可以得出一个幻方;或者,将非对角线上各数与相应的数对调,又或者说,都拿17去减它们,就可以得出一个幻方。"

陈老师一边说,一边将这两个幻方写在黑板上:

16	2	3	13
5	11	10	8
9	7	6	12
4	14	15	1

1	15	14	4
12	6	7	9
8	10	11	5
13	3	2	16

王瑜听着听着,忽然听出了点道理。他站起来问陈老师:"是不是交换的两个数加起来都得17?像1与16,2与15……"

"是呀!"陈老师一听王瑜发问,而且问在点子上,非常高兴。他说,"我们把这两个数叫作对于17的互补数。下面我要说的另一个方法就是互补数组合法。我们看下面两个四阶幻方是怎样排列的。"

5	12	8	9
14	3	15	2
11	6	10	7
4	13	1	16

9	12	6	7
4	13	3	14
5	8	10	11
16	1	15	2

"我们把每个幻方中的互补数用线连起来,就可以得到一个整齐的图案。"
陈老师又在黑板上画了两个图案:

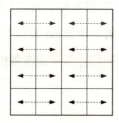 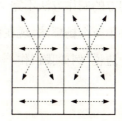

陈老师又说:"如果扩充起来,其他偶数次幻方也可以这样去组合。"说着,陈老师在黑板上写了两个幻方,同时画了对应的图案。

36	6	21	16	29	3
31	1	15	22	34	8
11	23	19	25	24	9
26	14	12	18	13	28
5	35	17	20	4	30
2	32	27	10	7	33

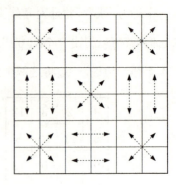

52	61	4	13	20	29	36	45
14	3	62	51	46	35	30	19
53	60	5	12	21	28	37	44
11	6	59	54	43	38	27	22
55	58	7	10	23	26	39	42
9	8	57	56	41	40	25	24
50	63	2	15	18	31	34	47
16	1	64	49	48	33	32	17

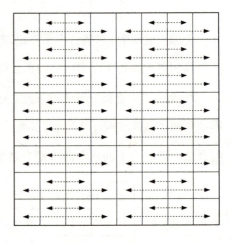

"这个八阶幻方,又叫富兰克林幻方,是美国科学家富兰克林小时候编出来的。"

黎善一听得入了神,忽然发现一个问题,就站起来问陈老师:"这都是偶数次幻方的做法吗?奇数次幻方也可以这样做吗?"

"奇数次幻方的制作方法不完全一样。"陈老师回答说,"前面我们讲三阶幻方的时候,讲了一个杨辉法,现在我们再讲一个罗伯法。"

接着,他一边说"例如我们作一个十三阶幻方",一边在黑板上写。

1.

				153	168	1	16	31				
			152	167	13	15	30					
		151	166	12	14	29						
	150	165	11	26	28							
149	164	10	25	27								
163	9	24	39								148	
8	23	38	40							147	162	8
22	37								146	161	7	
36						143	145	160	6	21		
					142	144	159	5	20	35		
				141	156	158	4	19	34			
			140	155	157	3	18	33				
			154	169	2	17	32					

"首先,在第一横行正中填个1;其次2本应填在右上角,但是出格了,改填到右列最下一格;然后,斜着向上依次填到7,接着是8又要出格了,改填到上行最左一格;再依次填到13,右上角已经有了1,于是14填到13下面,再向右上方继续填下去,直到169。

"现在我把最初40个数和最后30个数填在表里了,其余的请大家课后再填,好吗?"

"好的!"大家齐声回答。

"还有什么问题吗?"陈老师问。

"幻方都是方的吗?"王瑜站起来问。

"岳飞有一句名言:'运用之妙,存乎一心。'"陈老师说,"上次你们出的题目里,不是也有魔圆、魔三角、魔星吗?另外还有立体的魔方、魔球、幻圆锥、幻圆柱、幻十二面体哩!"

"上星期我读了一篇六角幻方的故事。"黎善一忽然想起似的说。

"好呀！"陈老师说，"你可以给大家讲讲吗？"

"我怕记不全。"黎善一犹豫了一下，终于鼓起勇气，走上讲台，试着说起来。

"从前，有个青年人名叫亚当斯，他是一个幻方迷。他想，既然有幻方、魔圆，能不能做一个六角幻方呢？于是从1910年起，他就开始研究起六边形幻方来。

"他白天在一个铁路公司的阅览室里工作，晚上就拿起他制作的19块小板（上面有1～19这19个数）排起来。可是排了成千上万次，都没有排成。

"太阳、月亮在不停地奔驰，身体、容颜在逐渐地衰老。由于操劳过度，他终于病倒了，住进了医院。但他还带着那19块小板，在病床上排他的六角幻方。

"1957年的一天（这已经是47年之后了），这个六角幻方居然排成功了。这是一个两层的六角幻方，每条直线上的数字和都等于38。他多么高兴啊，立刻找了一张小纸片，将它记下来。过了几天，他出院回家。可是，糟糕！那张小纸片丢到哪里去了呢？

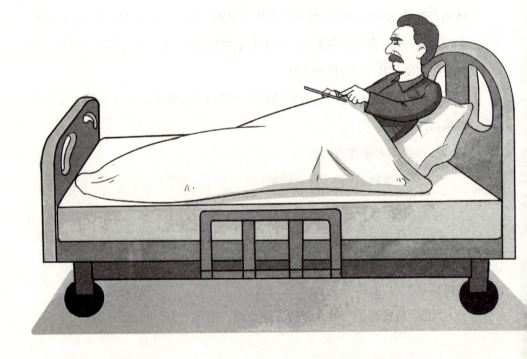

"从零开始吧！亚当斯毫不灰心，又从头排了起来。排呀，排呀！又排了5年，最后，在1962年12月的一天，他把那个六角幻方又排出来了。这时候，他已经是个白发苍苍的老头了。

"亚当斯立刻把这个六角幻方寄给幻方专家马丁·加德纳，马丁又寄给数学游戏专家特里格，特里格反复研究，发现两层以上的六角幻方是没有的。到了1969年，滑铁卢大学二年级学生阿莱尔又作了一个简单明了的证明：六角幻方只有两层。他还用电子计算机试验，只用了17秒钟，也得出了和亚当斯的幻方完全相同的、唯一的结果。"

黎善一讲完了，正准备下台，可是王瑜说："你说了半天，说得我感动极了，可是，亚当斯作的六角幻方到底是什么样子呢？你也介绍给我们看看呀！"

"啊呀，我记不全了。"

"你的'纸片'也丢了呀？"陈老师滑稽地说，"你记得多少算多少吧！"

"我只记得中心是5，里圈都是一位数，2、4、6、8联成一个盆……"

2.
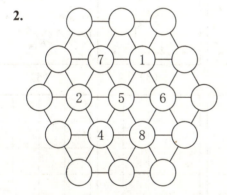

陈老师说："好，刚才的十三阶幻方，是留给你们的第一个习题，这就是第二个了。这个题每条直线上各个数的和是38，现在只要你们填外层，大约用不了52年吧！"

同学们都笑了。聂金芳却在喊："那还欠我们8个习题呢？"

"大家一起来出题吧！我也出几个。"陈老师说。

一会儿，大家又凑了8道题，如同大家在下面看到的。括号里是陈老师的插话。

3. 将1～9这9个数字填在○里，使每个圆上4个数字的和都等于16。

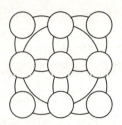

4. 将下面方阵的数字，按(1)(2)(3)(4)四图交换，制成4个幻方。

1	2	3	4
5	6	7	8
9	10	11	12
13	14	15	16

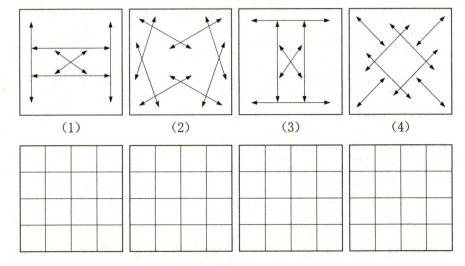

(1)   (2)   (3)   (4)

5. 用罗伯法，填一个七阶幻方。

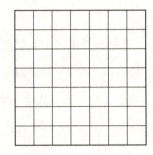

40

6. 将 1～25 中的奇数、偶数分别排在两个斜放着的正方形里,然后将偶数分别放到大正方形相应的格里去,你就制成一个五阶幻方了。

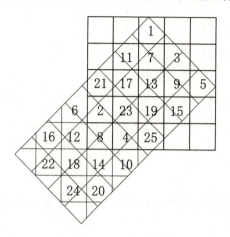

(幻方里的数也不一定是从 1 开始的自然数,下面的几个题目就是这样)

7. 将下面的图制成一个幻方,使各直线上三个数的和是 18。(提示:先求中间数)

8. 将下面三个方阵各排成一个幻方。

(1)
1	3	5
7	9	11
13	15	17

(2)
2	4	6
8	10	12
14	16	18

(3)
1	2	3	4
5	6	7	8
9	10	11	12
13	14	15	

[提示：第(3)题的空格可以排在任何地方，或者干脆把空格看成0]

（幻方里的数，也不一定是把它们加起来，也可以是减、乘、除，下面几个题目就是这样）

9.(1)将下面幻方里每条直线上的第一、三、五个数相加,再减去第二、四个数,看得多少。

9	24	25	8	11
23	21	7	12	6
22	6	13	20	4
10	14	19	5	3
15	18	1	2	17

(2)将下面幻方里每条直线上的第一、三、五个数相乘,除以第二、四个数,看得多少。

24	648	1296	12	9
324	81	6	18	27
162	3	36	432	8
48	72	216	16	4
144	108	1	2	54

10.通过交换法,制一个幻方,使每条直线上4个数相乘的乘积相等。

$\frac{1}{128}$	$\frac{1}{64}$	$\frac{1}{32}$	$\frac{1}{16}$
$\frac{1}{8}$	$\frac{1}{4}$	$\frac{1}{2}$	1
2	4	8	16
32	64	128	256

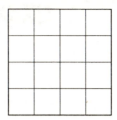

平分秋色

"信!"王瑜以百米赛最后冲刺的速度第一个冲进教室,将一封信交给了陈老师。陈老师立刻将信拆开看了起来。

同学们都在位子上坐好了,陈老师也看完了信,抬头对同学们说:"这是一位校友的来信,他报告了农村的喜讯,还给我出了个难题哩!"

"什么难题呀?"聂金芳表达了同学们的好奇心。

"村里有一块实验田,分给这位校友和另一个青年一起种,他俩想比试比试,首先就得把这块地平分开来,可是这块地不大规整……"陈老师说着就在黑板上画了一个图。

这是一个梯形。同学们一看,立刻按着图上标的尺寸,"上底加下底,乘高除以2"地做了起来。

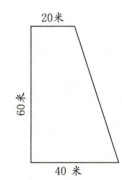

"1800平方米!"黎善一第一个得出了答案,"2亩7分地。"

"咦,你怎么连地积都算出来了!"王瑜奇怪地问。

"对,你跟大家说说。"陈老师说。

"平方米求亩数有个简便算法:先加上一半,再除以1000。这里 1800 平方米加一半是 2700 平方米,除以1000,就得2亩7分地了。"

王瑜一学就会,一会儿,注意力又立刻转移到平分实验田的问题上来了,他说:"这块地不规整,有这么一条斜线,怎么分呀!"

"你算说到点子上了,这条斜线就是这块地的特点,所以我们首先要分开它。怎么分?是二一添作五,还是三一三十一。"

"二一添作五!"同学们都抢着说。

"对,是平分。"陈老师说着,用圆规和直尺,在斜线上求出了中点。"好,这是一点,还有一点就得在'高'上找了。'高'上的点和斜线上的中点一样高行不行?"说着,陈老师在高的正中打了一点。

"不行!"王瑜喊了起来,"那样,上半部小了些。"

"那怎么办?"

"往下!"

"下多少?"

王瑜没有准谱,答不出来,幸亏聂金芳举起了手。她看陈老师点了点头,就站起来说:"我看,上底是 20 米,下底是 40 米,就应该将'高'二四开。"

"对了!"陈老师拿起圆规,以斜线中点 O 为圆心,斜线一半为半径,作了个半圆。"圆周和高有两点相交,上点明显不行,舍去!下点和'高'的下部 $\frac{1}{3}$ 处相交于 P,将 O、P 相连,就将梯形平分了。"

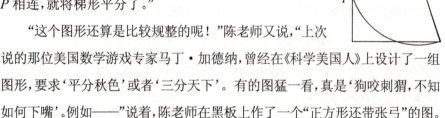

"这个图形还算是比较规整的呢!"陈老师又说,"上次说的那位美国数学游戏专家马丁·加德纳,曾经在《科学美国人》上设计了一组图形,要求'平分秋色'或者'三分天下'。有的图猛一看,真是'狗咬刺猬,不知如何下嘴'。例如——"说着,陈老师在黑板上作了一个"正方形还带张弓"的图。

"我看,这也没有什么难的。"王瑜站起来说。

"那你来做做!"陈老师高兴地说。

"这个图形的特点不就是那条圆弧吗?首先找出它的中点。"王瑜动嘴,陈老师动手。

"从这中点,斜着画一条线!"王瑜指手画脚地说着。陈老师在图上斜着向下画了一条虚线,同时问:"这

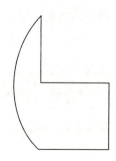

么斜行吗？一直画到底线上吗？"

王瑜一看，如果一直画到底线上，还不能将图形平分，就说："那还不行！"

"我看，"聂金芳站起来帮忙了，"右下有一个直角，分出的部分也得有两条直角边。"

"还有，"黎善一也站起来帮忙了，"右上角90°，也得'平分秋色'，分成两个45°。"

"那就是说，这条斜线必须垂直于正方形的这条对角线啰！"陈老师一边说，一边把图形平分了。

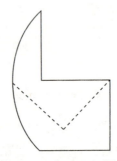

在教学过程中，陈老师发现，王瑜对几何图形还很感兴趣，就鼓励他说："王瑜能抓住图形的特点，这很好，但是要注意精确，有时候还要计算哩！像刚才，黎善一就考虑到将90°角平分成两个45°。"

"您刚才还提到'三分天下'！"黎善一忽然想起一个问题。

"花样多了！"陈老师说，"有'三分天下'、有'四分五裂''七分八裂'，图形有圆形、方形、多边形，还有附加各种条件的。我再说一个马丁·加德纳出的题目吧！"说着，陈老师又在黑板上画了一个图（如图1）。

"这是一个正六边形，要求从 P 点作两条线，将图形的面积三等分。"

"同学们注意，只要求面积三等分。"聂金芳站起来对大家说。

"对啦，上面两个题目要求分成两个全等形，也就是不但面积相等，而且形状也要完全一样。这个题目

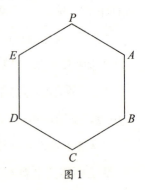

图1

只要求……"

陈老师还没讲完,王瑜就抢着说:"P 连上 B 行不行?"

陈老师一听,立刻把 PB 连起来,还作了 3 条辅助线,在中心写了个 O 字(如图2)。

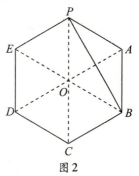
图2

"这就看得很清楚了!"黎善一高兴地站起来说,"3 条辅助线把整个正六边形等分成 6 个正三角形,$\triangle PAB$ 刚好是正六边形的 $\frac{1}{6}$。"

王瑜一听,开了窍,抢着说:"那就在线段 CB 上找到中点 F,连接 PF;再在线段 CD 上找到中点 G,连接 PG,这样就'天下三分'了。"

陈老师立刻又画了一个图(如图3)。

聂金芳仔细看了看图,笑着对王瑜说:"这次你蒙对了。"

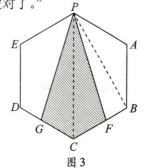
图3

"怎么是'蒙'对了?"王瑜不服气地说,"刚才说 $\triangle PAB$ 是正六边形的 $\frac{1}{6}$,那么 $\triangle PBC$ 就是 $\frac{2}{6}$,$\triangle PBF$ 和 $\triangle PCF$ 等底同高,面积相等,各占 $\frac{1}{6}$。$\triangle PCG$ 也是 $\frac{1}{6}$。那么,四边形 $PGCF$ 占正六边形的 $\frac{1}{3}$。四边形 $PEDG$ 和四边形 $PFBA$ 对称相等,也各占 $\frac{1}{3}$。"

"啊,对不起!"聂金芳听着王瑜"噼里啪啦"一口气把道理讲完,忙解释道,"我是想起了昨天我分烙饼的事,开始倒真是蒙的,过后一想,蒙得还挺对的。"

大家立刻要聂金芳讲讲她分烙饼的故事。聂金芳走上讲台,对陈老师说:"您累了,先休息一会儿。"于是,就一边讲,一边在黑板上画了起来。

聂金芳说:"昨天晚上,住在我家的小表弟闹着要吃烙饼,妈妈做了一个又圆又大的烙饼,爸爸说,够我们四个人吃了。

"我拿起菜刀,正准备通过圆心切个十字,将烙饼分成4块。可是小表弟不依,非得切出个圆的不可,于是我在烙饼上做起了几何题。

"我问爸爸:'您也要吃圆的吗?'爸爸说:'什么样子都行,我只要 $\frac{1}{4}$ 个烙饼。'我又问妈妈:'您也要吃圆的吗?'妈妈笑得很开心地说:'我又不是小孩!'我说:'这就好办了!'我将烙饼切出两个圆的,小表弟一个,我一个,剩下两边两块,爸爸妈妈每人一块。

"后来我一算,小圆半径是大圆的一半,那么小圆的面积($\frac{1}{2} \times \frac{1}{2}\pi r^2$)正好是大圆的 $\frac{1}{4}$。剩下两块,对称相等,也各等于大圆的 $\frac{1}{4}$。"

大家听得津津有味,都跃跃欲试,就一起请陈老师出题目给大家做做。

"出题目可以。"陈老师说,"不过,希望大家不要先蒙后算,而要先算后分。"

陈老师说完,就在黑板上写了9个题目。

1. 将下面的图形分成两个全等形。

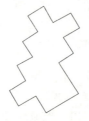

2. 将下图分成两个全等形,只许沿格子线分,请给出3个答案。

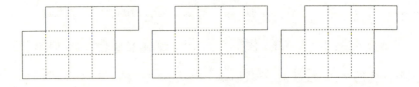

3. 将下图分成两个全等形,只许沿格子线分。

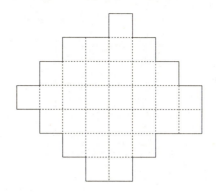

4. 将下图分成面积相等的 3 块。

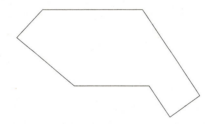

5. 将下图分成 3 个全等形。

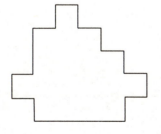

6. 将下列 4 个图形各分为面积相等的 4 块。

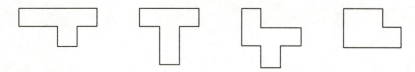

7. 将下图分成两个全等形,使一块上的数字和是另一块的两倍。(提示:可先计算一下)

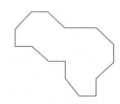

8. 将下图分成 4 个全等形。

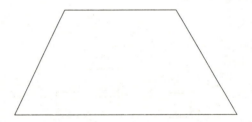

9. 将下面的梯形分成 9 个全等的梯形。(提示:可先分为 3 个全等形)

计算与机智

星期天下午。一走进王瑜家,聂金芳就说:"王瑜,陈老师说你对几何图形容易理解。"

"看来你的右大脑半球比较发达。"同来的黎善一想起昨天看的一篇讲大脑两个半球分工的文章,便和王瑜开起了玩笑。

"啊呀!"王瑜两手捂着脑袋,笑着说,"我可不愿意让我的大脑两个半球分家呀!"

"那你就得活动你的左大脑半球,多进行抽象思维,做到心中有数。"聂金芳也笑着说。

"其实,做几何题也要心中有数。"黎善一正经地说,"例如,要把一个正十字剪两刀,分成4块,再拼成一个正方形,那么这个正方形边长该是多少呢?"

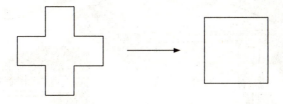

王瑜找来一把剪刀,拿起黎善一画了正十字形的那张纸,把十字形剪了下来。

聂金芳以为他就要动手解题,连忙将他的剪刀和纸抢过来,放在桌上,同时说:"不要先蒙后算,而要先算后分。"

王瑜说:"我算我算,正十字形由5个小正方形组成,我们算它5个单位吧!那么,剪拼以后的正方形面积也应当等于5个单位。"

"这正方形的边长呢?"黎善一问。

"$\sqrt{5}$!"

"怎样在正十字形里找到这个$\sqrt{5}$呢?"

王瑜一下答不出来,挠着脑袋。

聂金芳说:"我想起了勾股定理:

$a^2 + b^2 = c^2$。

变一变:$c = \sqrt{a^2 + b^2}$

如果$a = 1, b = 2$,c就正好等于$\sqrt{5}$。"

说着,她在一张纸上画了一个图:

"好!"王瑜拍手叫好。

"对啦!"黎善一说,"这么长的线段我们在正十字形里可以找出很多。"

"现在我知道该怎样剪拼了。"王瑜拿起剪刀将那个正十字形剪了两刀。

"我们一人剪拼一个吧!"聂金芳在一张纸上画了个正十字,接过王瑜的剪刀剪了起来。

黎善一也拿起一张纸画了起来。

很快,王瑜就剪拼好了。他是这样剪拼的:

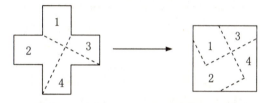

黎善一看王瑜剪拼的,又设计出了一个新花样:

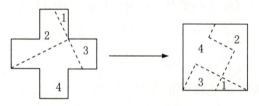

王瑜将两个剪拼图形逐一仔细看过,点点头说:"好,正方形的边长都是 $\sqrt{5}$!"接着,又对聂金芳说:"这样的题目我会做了,你也给我出个题目吧!"

聂金芳想了一想说:"有一块 9 平方分米的布,角上剪掉了 1 平方分米,现在要求将它剪两刀,裁成 3 块,再拼成一块正方形的布。该怎样剪拼?"

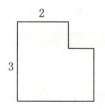

"先算后分。"王瑜说,"这块布是8平方分米,剪拼成一块正方形的布也应当是8平方分米,那么它的边长就是$\sqrt{8}$分米了。"

"也就是$2\sqrt{2}$分米。"黎善一插嘴道。

"对!"王瑜点了点头,接着说,"边长2分米的正方形,对角线正好是$2\sqrt{2}$分米!"他随手画了一个图,写了一个算式:

$$c = \sqrt{2^2 + 2^2}$$
$$= 2\sqrt{2}$$

接着,他就拿起聂金芳画的那张图剪拼起来:

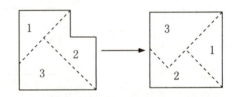

剪拼好了,王瑜抬头问黎善一:"我这样剪拼对吗?"

"对是对的。"黎善一说,"不过,我看有的书上不画两个图,就画在一个图上。"接着,就画了一个图。用实线代表原来的图,用虚线代表剪拼的图。

"好,好!"王瑜赞叹道,"这样更简单明了啦。黎善一,再出个难点的吧!"

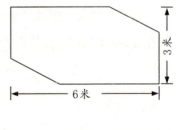

"好的!"黎善一点点头说,"打好了基础,再做比较难点的,就好办了。"说完,他就出了一个题目:有一块形如右图的铁皮,缺失的两角为2平方米,要求剪成两块,再拼成一个正方形。

王瑜立刻计算起来,喃喃念道:"长6米,宽3米,三六一十八平方米,减去两角的2平方米,面积为16平方米,拼成的正方形边长正好为4米。"

"如果剪成4块,倒也可以拼成一个正方形。"王瑜一边说,一边画了下图。

"不行,题目要求剪成两块哩!"聂金芳一看,立即发表意见说,"这个题目的难点不光是计算,还在于有这么两条斜边,所以不能简单地剪一条直线。"

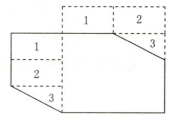

王瑜受到启发,说:"对,横边可以利用原来的4米横边,至于纵边么,可以用原来的两个2米凑成4米。"他试了几次,终于剪拼出了下图。

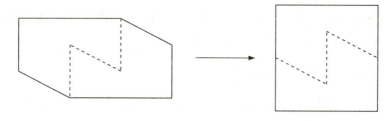

王瑜剪拼成功了,高兴得跳了起来。他抱起黎善一,使劲往上抛,然后又接住,叫道:"再给我出个难点的吧!"

"难的倒有,"黎善一挣开,走到桌边上,画了一个图,交给王瑜说,"就怕你做不出。"

王瑜接过一看,画的是一个玻璃瓶,比化学实验用的烧瓶颈粗一些。他连忙喊道:"呀,这是一个曲线形,用它做什么呀?"

黎善一这才出题说:"也是剪两刀,成3块,再拼成一个正方形。"

"啊呀,曲线形变直线形,这可太难了。"王瑜又挠起了脑袋。

"见困难就上嘛!"聂金芳鼓励着他,也鼓励着自己。她接过图形和王瑜一起研究着。

"我愣来！"王瑜紧握着拳头对着那张图挥舞着。

"这可不是拼体力、使蛮劲的事。"黎善一指了指脑袋说,"这要靠智慧！"

"得了得了,"王瑜不服气,说,"图形里没有直线,我愣剪出条直线来。"

聂金芳一听这话,心里猛地一动,说:"这圆的直径不就是直线吗？"她拿起圆规,在圆形上量着,使圆规两脚距离等于直径,然后又用这圆规在图形的上下左右比画着。

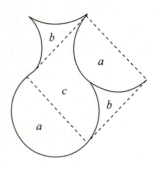

王瑜仔细看着,忽然说:"咦,这瓶颈的对角线不正等于直径吗？"

聂金芳灵机一动,拿起剪刀,喀嚓两声,将瓶形剪成3块,立刻又将它拼成了一个正方形。

王瑜看了,用铅笔、圆规画了一个剪拼图。

做完了,聂金芳发表感想:"今天做的剪拼游戏,倒有点像小时候玩的七巧板。"

"什么是七巧板呀？"王瑜小时候没有玩过七巧板,好奇地问。

黎善一立刻在纸上画了一个图形,对王瑜说:"七巧板就是将一个正方形,剪切成这样的7块板,可以将它们拼成各种几何图形、各种人物形象,甚至还能拼出各种文字来哩。

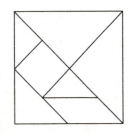

"不过,拼的时候有个规矩,就是:拼一个图形必须把7块板都用上,还不许重叠起来。"

"听说七巧板是我国古代的发明,是吗？"聂金芳问。

"是呀,有人说,公元前8世纪的周朝就有了哩！"黎善一说,"但是,直到19世纪才有了专门介绍七巧图形的书。到了19世纪初,七巧板和不倒翁、押宝等一起传到欧洲,引起了西方人极大的兴趣,称七巧板为'唐图',还创造出了许多新的图形。"

"太简单了,没意思!"王瑜说。

"哟,你可别瞧不起它。1817年,有个叫W·威廉的教师写过专门的数学论文,用七巧板的方法来求解几何题哩!我国清朝的李鸿章也用七巧板证明过勾股定理哩!"

"我是说7块板,太少,怕拼出来东西不像。"

"像的!"黎善一说,"你嫌块数少,清代有个童叶庚,创造了一种'益智图',共有15块,它比七巧板复杂,所以拼出的花样也比七巧板多。"接着,他在纸上画了一个"益智图"。

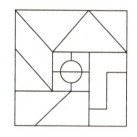

"对了,这才能拼出个像样的图来!"

"实践是检验真理的唯一标准。"聂金芳和解地说,"我们还是动手拼拼吧!"说着,她立刻将七巧板剪开来,拼出一个图形。

黎善一一看,也立刻将益智图剪开来,摆出一个图形。

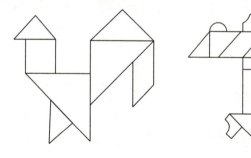

聂金芳问王瑜道:"你看这两个图形像什么?"

"这还不知道?"王瑜说,"左边是一只公鸡,右边是一架飞机。"

聂金芳拍手大笑,说:"好,你既然认得,说明它们都还挺像的。"

王瑜不禁点头赞叹:"古代人真够聪明的!"

"难道现代人就蠢吗?"黎善一反驳道,"现代人发明的拼图板也不少啊!"

"那你再举几个例子看看!"

黎善一一看时间不早了,就说:"我们结合出题练习,再举些例子吧!"

于是,他们凑了这么几个题目,共同研究着。

1. 张木匠得到一块长方形木板,中间刻了一条鲤鱼,他想将木板锯成 5 块,再拼成一个正方形桌面,将鲤鱼图形嵌在木板正中。他应该怎样锯,怎样拼?

2. 小军拾到一块木板,他想将它锯成 4 块,然后拼成一个五角形。

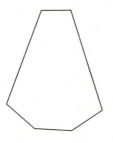

3. 请将木板锯成 3 块,再拼成一个正方形桌面。(举两种锯拼方法)

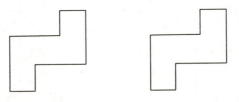

4. 将下图剪成 3 块,再拼成一个正方形。

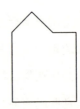

5. 分别用下面 7 张纸片,拼成一个长方形和一个正十字形。

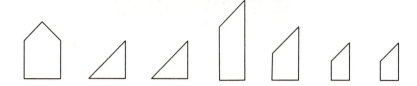

老鼠闯下的祸

又是一个星期天的下午,聂金芳和黎善一到王瑜家去做功课。

一走进王瑜家,只见王瑜手里拿着一张发货票,急得团团转,嘴里还不住地嚷:"这老鼠真可恶,我妈昨晚给我一张发货票,就被咬坏了,好几个字都看不出来了,我非把这些老鼠消灭光不可。"

黎善一接过发货票一看,便说:"老鼠待会儿再消灭,我们先把这张发货票的数字复原了再说。"

"少了好几个数字哩,还怎么复原?"王瑜还在生气。

"别着急嘛,有办法的。"聂金芳接过发货票,铺开,放在桌上,和黎善一起研究着。

原来发货票是这样写的:

品　名	数量(个)	单价(元)	金额(元)
电子计算器	66	＊＊＊	＊036＊

(＊号是被老鼠啃掉的数字)

王瑜走过来看了一眼说:"如果单价没啃掉就好了。"

"废话!"聂金芳不禁大笑说,"知道单价,乘66,不就得总金额了,还用你算吗?"

"幸亏还有这么个66哩!"黎善一说。他沉吟了一会,喃喃地念道:"66 = 2×3×11。"

聂金芳受到启发,连忙说:"那就是说,总金额中,也会含有2、3、11的因数啰!"

"总数一定是偶数,也就是个位数字是偶数。"王瑜也开了窍。

"数字和一定是3的倍数。"聂金芳抢着说。

"隔位数字相加,两和相等或者两和的差是11的倍数,那么这个数一定能被11整除!"黎善一说,同时拿起笔在纸上写着:$x + 3 + y = 0 + 6$。

"这里x代表万位数字,y代表个位数字。那么$x + y = 3$。"黎善一解释说。

聂金芳抢着说："个位必须是偶数,只能是 2,x 只能是 1。那么这个数就是——"

"10362！"王瑜和聂金芳一起喊着。

"当然,$x+y$ 也可以等于 14,但是这样一来,数字和就不会是 3 的倍数了。"黎善一补充说。

"更不会是 25,因为 x 和 y 都是一位数。"聂金芳也补充说。

这时候,王瑜已经算出来了,他喊道："10362 除以 66,等于 157,电子计算器 157 元一个！"

问题解决了,王瑜长长出了一口气。

黎善一笑着说："这问题倒像数学游戏书中的找失掉的数字。"他顺手写了一个算式:

$$
\begin{array}{r}
2**7 \\
+\ *48* \\
\hline
*0000
\end{array}
$$

"这太简单了,只要用逆推法一推就出来了。"聂金芳叫嚷着。

"王瑜,你来推推看。"黎善一说。

"这还不容易,个位凑成 10,其他位凑成 9,和数的万位数嘛,两个数字相加顶多进个 1。"王瑜一边说,一边把算式也缺的数字都补上了。

$$
\begin{array}{r}
2517 \\
+\ 7483 \\
\hline
10000
\end{array}
$$

"还是乘除法有趣。"聂金芳说,"我记得有这么个题目。"她写道:

$$
\begin{array}{r}
***3 \\
\times\ \ \ \ * \\
\hline
111111
\end{array}
$$

"这不也只要一推就出来了吗？"王瑜说,"乘数一定是 7,因为 3 只有乘

7,个位才得 1;被乘数的十位呢,也必定是 7,七七四十九,9 加上进位的 2,才得 11……"王瑜懒得说了,只是用钢笔将几个未知数一一推了出来:

```
    1 5 8 7 3
  ×         7
  ─────────────
    1 1 1 1 1 1
```

王瑜把钢笔一丢,对黎善一说:"你出几个难点的吧!"

"好,难点的必定是未知数多的,得绕几个弯的。"黎善一拿起笔,出了这么个题目:

```
      2 * *
    ×   * *
    ─────────
      2 * *
    * * 6 *
    ─────────
    * * 7 7
```

聂金芳说:"被乘数是二百几,第一积数还是二百几,可见乘数十位是 1。"

王瑜也看出了问题,说:"第二积数个位是 7,第一积数个位是 1。"

"第一积数个位既然是 1,"聂金芳抢着说,"那么,被乘数个位也只能是 1,乘数个位一定是 7 了。"

"势如破竹呀!"黎善一赶紧将破译的数字添上去。算式成了这个样子:

```
      2 * 1
    ×   1 7
    ─────────
      2 * 1
    * * 6 7
    ─────────
    * * 7 7
```

王瑜指着被乘数的十位说:"它当然是 8 了。"

"好!"黎善一说,"被乘数、乘数都知道了,其余的我也可以写出来了。"

"甭写了!"聂金芳把那张纸抢过来说,"上次我在一本《数学游戏》上看到这么一个算式,只有一个数字。"说着,她将算式写在纸上:

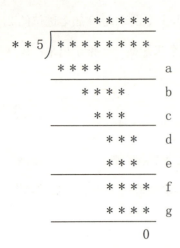

"啊呀,只有一个数字,怎么猜呀!"王瑜拍手怪叫起来。

"认真观察,发现问题,开动脑筋,冲破迷雾。"聂金芳似乎是在给运动员鼓劲。

"对,认真观察。"黎善一指着商数的千位说,"这是一个0。"

"咦,这是理所当然的事,我怎么就没看出来?"王瑜挠了一下脑袋说,"让我也认真观察一下——a行和g行是四位,c行和e行是三位。"

"好呀,王瑜也看出问题来了。"聂金芳鼓励地说,"那么,你再开动脑筋,说说为什么这样。"

"为什么这样?"王瑜先是一愣,接着想了一想说,"那就是说,商数的第一个和第五个数字必定比第三、第四个大。"

"对呀!"聂金芳高兴地说,"那你再看,第三个、第四个数字一样大吗?"

王瑜又低头观察了一番,说:"不一样大。"

"为什么呢?"

"你看,"王瑜指着算式说,"b行是四位,必定是一千零几,c行是三位,必定是九百几,这样减下来,前面两位才全减没了;可是d行和e行都是三位,减下来头一位还有剩,那么d行是九百几的话,e行也只能是八百几了。"

"好,好!"聂金芳拍手叫着好。忽然,她看见黎善一闷声不响,就推了他一下说,"你怎么一言不发啊?"

黎善一如梦初醒,说:"我在想另一个问题:125×8＝1000。"

"这不是另一个问题吗?"聂金芳说。

"是吗?"黎善一说,"那我就来试一试,如果除数是125,商数第一位是8,第一积数就是1000;商数第三位是7,第二积数只有875,不够了。"

"假定除数是115或135呢?"王瑜插嘴道。

"如果除数是115,"黎善一说,"商数就得是90879;如果除数是135,商数就是80768了。"

"我们来试试!"聂金芳说完,就和王瑜各写了一个算式:

```
           9 0 8 7 9
     ┌─────────────
 115 │ 1 0 4 5 1 0 8 5
       1 0 3 5
       ─────────
         1 0 1 0
           9 2 0
         ─────────
             9 0 8
             8 0 5
             ─────────
               1 0 3 5
               1 0 3 5
               ─────────
                     0
```

```
           8 0 7 6 8
     ┌─────────────
 135 │ 1 0 9 0 3 6 8 0
       1 0 8 0
       ─────────
         1 0 3 6
           9 4 5
         ─────────
             9 1 8
             8 1 0
             ─────────
               1 0 8 0
               1 0 8 0
               ─────────
                     0
```

"哈哈,两个都对!怎么办?"王瑜喊道。

"那就两个答案呗。"聂金芳笑着说。

这时候,黎善一列了好几个式子,将除数假定为105、145等,但都凑不出一个合理的算式来,便说:

"大概也就这两个答案了。"

"黎善一,你再给我们出几个题目吧!"王瑜央求道。

"不,我们自己拟题。"

"啊呀,又要自己拟题,怎么拟呀?"

"你不是会愣拟吗?"

"这样吧!"聂金芳调解说,"你先做一道算术,然后去掉几个数字,看别人能不能推测出来。"

于是,三个人坐下来,各出了几道题,互相交换着做,看谁的题出得难易适中。最后,黎善一记下了10个他认为出得最好的题目。(注意:题中的乘法都是从高位数算起的)

1. * * × * = 8 * 8

2. * * * × 72 = * 058 *

```
3.         6 5 3              4.         * * *
     ×       * *                    ×       8 9
     ─────────                      ─────────
         * * * 6                        * * *
         * * * 1                      * * * *
     ─────────                      ─────────
       * * * * *                      * * * *

5.       * * * 7              6.         6 * *
     ×       * * *                  ×       * * *
     ─────────                      ─────────
       * 3 7 * *                        * 5 * 5
       * * 2 0 3                        * * * *
       * * * * 6                          * * *
     ─────────                      ─────────
     * * * * * * *                    * * 5 * 4 *
```

7. 　　　1 1 *
    × 　　 * 1 *
    ─────────
    　　　 * * 1
    　　　1 1 *
    　　1 * * *
    ─────────
    　　* * * * *

8. 　　　7 * *
    × 　　 * * *
    ─────────
    　　　7 * *
    　　 * * 7 *
    　　* * * 7
    ─────────
    　　* 7 * * 7

9. 　　　　　* * *
    * *) * 9 * * *
    　　　 * *
    　　─────
    　　　 * * *
    　　　 * * *
    　　 ─────
    　　　　 2 * *
    　　　　 * * *
    　　　 ─────
    　　　　　　 0

10. 　　　　　　* 5 *
    * * 8) * * * * * *
    　　　　* * * 2
    　　 ─────
    　　　　 * 9 * *
    　　　　 * * 4 *
    　　　 ─────
    　　　　　* * * *
    　　　　　* * * *
    　　　 ─────
    　　　　　　　 0

题目出完了。黎善一对王瑜说："好,现在我们来一起消灭老鼠吧!"

这还不是代数

在数学课上,黎善一介绍了他和聂金芳、王瑜做的数字游戏。

陈老师补充说:"外国还有一种字母算式,不仅很有趣味,还能培养大家的推理能力。"说着,就在黑板上写了一个字母算式。还说,"大家看个位,4个 b 加起来,和数个位是 a,这 a 有什么性质?"

$$\begin{array}{r} a\,b \\ a\,b \\ a\,b \\ +\,a\,b \\ \hline c\,a \end{array}$$

聂金芳说:"它肯定是偶数。"

陈老师点了点头,接着问:"大家再看十位,4个 a 加起来还没有满10,说明 a 有多大?"

"说明 a 不可能大于或等于3。"这次王瑜发现了问题。

"a 是偶数,又小于3,那 a 就是2啰,b 就是3。"黎善一总结道。

"对啦。"陈老师又说,"有的外国书上说,a 也可以是0,不过这不符合我们的习惯。"

忽然王瑜喊道:"陈老师,听说我们快要学代数了,这就是代数吗?"

陈老师笑了笑,说:"这可不是你们将来要学的代数。当然,这也是用字母表示数,但是某个字母只代表某个数字。这里的 ab,意思是 $10a+b$,可是在代数里,ab 就代表 $a\times b$ 了。"

一说到乘,聂金芳就想起了一个问题。她站起来问陈老师:"这种'字母算式'有乘法吗?"

"有呀，加、减、乘、除、乘方、开方全有。"陈老师立刻在黑板上写了个算式，同时说，"我们一起来研究一下这个题目。在这里，每个字母表示不同的数字。"

$$\begin{array}{r} a\,b\,c \\ \times\ d\,e\,f \\ \hline e\,d\,c \\ h\,e\,h\,c \\ a\,a\,g\,c \\ \hline f\,a\,i\,c\,c \end{array}$$

大家立刻仔细观察起来。

忽然，聂金芳举起了手。得到陈老师允许，她站起来说："c 乘 f，个位还是 c。"

王瑜一听，立刻站起来说："c 乘 e，c 乘 d，个位都是 c 哩。而且 g 加 c，还得 c，那么 g 一定是 0。"

"对了。"陈老师高兴地说，"那么 c 可能是几？d、e、f 又有什么性质？"

"一般情况下，"黎善一站起来，慢条斯理地说，"c 可能是 5，也可能是 0。但是 g 已经是 0 了，那么 c 就是 5 了。至于 d、e、f，它们都是奇数，而且一个比一个大。"

"哪几个数是奇数？"陈老师问。

"1、3、5、7、9！"全班同学齐声喊着。

聂金芳受到启发，刚刚坐下，立刻又站起来说："d、e、f 都不可能是 1，否则积数就会等于被乘数了，也不可能是 5 了，那它们就是 3、7、9。乘数就是 379！"

陈老师立刻把已经猜出的数字都写了出来，算式成了：

$$\begin{array}{r} a\,b\,5 \\ \times\ \ 3\,7\,9 \\ \hline 7\,3\,5 \\ h\,7\,h\,5 \\ a\,a\,0\,5 \\ \hline 9\,a\,i\,5\,5 \end{array}$$

"好，现在只剩 a、b、i、h 这 4 个数了。"

"h 肯定是 1,a、b、i 都是偶数了。"王瑜站起来说。

"为了凑成 0,b 只能是 4,那么 a 就是 2,i 就是 8 了。"聂金芳把未知数一个一个推算出来。

"其实,"王瑜忽然嚷了起来,"既然知道第一积数是 735,将它除以 3,不就得被乘数 245 了吗?"

大家听了,都高兴地鼓起掌来。

"这样的题目有意思吗?"陈老师问。

"有意思!"大家齐声回答。

黎善一还说:"做这样的题目,可以帮助我们了解数的性质,掌握数学的一些规律,提高推理能力,使我们变得更加机智。"

"黎善一总结得很好!"陈老师赞许地说,"现在我再举个除法的例子。"说着,他将黑板擦干净,又写了一个除式:

$$\begin{array}{r} a\ b\ h \\ d\ f\ \overline{)\ c\ d\ e\ f\ } \\ \underline{g\ h} \\ h\ h\ e \\ \underline{h\ e\ g} \\ d\ f \\ \underline{d\ f} \\ 0 \end{array}$$

大家都目不转睛地盯着题目,谁都希望最先打开缺口。

聂金芳先站了起来。可是还没有等她发言,王瑜就站起来说开了:"除数是 df,最下面也是 df,说明 h 是 1!"

陈老师立刻把所有的 h 都改成 1,同时笑道:"好,这一下'解放'一大片了。"说得大家都笑了起来。

聂金芳还没有坐下去,她等大家安静下来,接着说:"d 减掉 1,还剩 1,d 就是 2;11 减掉 $1e$,没有了,后面又借走 1,那么 e 当然是 0。"

陈老师又把所有的 d 改成 2,e 改成 0。

黎善一也发现了问题。他站起来说:"积数个位是 1,那么 a 和 f 必定是 3 和 7。这里 a 是 3, f 是 7。"

陈老师把 a 改成 3,f 改成 7,同时问大家:"g 呢?"

"8!"

"c 呢?"

"9!"

"b 呢?"

"4!"

整个题目就做出来了。

$$
\begin{array}{r}
3\,4\,1 \\
2\,7{\overline{\smash{\big)}\,9\,2\,0\,7}} \\
8\,1 \\
\hline
1\,1\,0 \\
1\,0\,8 \\
\hline
2\,7 \\
2\,7 \\
\hline
0
\end{array}
$$

这时候,王瑜掉过头偷偷问黎善一:"不知道还有什么花样?"

王瑜虽然问得很轻,可是陈老师已经听见了,立刻说:"花样多了!人们甚至把一些词、一些句子都变成算式哩。"说着,他就在黑板上写了一个题目,同时说:"这个题目叫'七七难题'。*the* 是定冠词,*seven* 大家都知道,是'七'的意思,*teaser* 呢,就是'难题'啰。

$$
\begin{array}{r}
t\,h\,e \\
s\,e\,v\,e\,n \\
+\,s\,e\,v\,e\,n \\
\hline
t\,e\,a\,s\,e\,r
\end{array}
$$

"这个题目非常巧妙,为了使题目变得容易一点,我给大家透露点机密。大家看,这个题目里有 7 个相同的字母,是什么?"

"e——"大家齐声回答。

"这7个e,代表7个7。"陈老师一边说,一边将7个e都改成7。

"这么一来,那就太容易了!"王瑜说着,站了起来,指着算式说,"t一定是1,s一定是8,h一定是2。"

陈老师立刻将所有t、s、h改成1、8、2。

聂金芳趁着王瑜稍一停顿,立刻抢着说:"v一定是3,a一定是4,n是6,r是9。"

整个题目,一下子就全破译了。

$$\begin{array}{r} 127\\ 87376\\ +\ 87376\\ \hline 174879 \end{array}$$

黎善一说:"陈老师,您再出一个难点的,别透露机密,我们自己动脑筋做出来的,有趣些。"

"有志气,也有道理,我刚才把你们小看了。"陈老师说着,就在黑板上写了一个难点的题目:

$$\begin{array}{r} train\\ +\ ship\\ \hline plane \end{array}$$

陈老师还解释道:"照字面解释,就是'火车'加'船'等于'飞机',这当然是毫无意义的。但它却是一个数字谜,每个字母表示一个数字。"

陈老师还在说着,黎善一就在数着。陈老师刚说完,黎善一就站起来说:"这个题目里,一共有10个不同的字母,代表了0～9这10个数字。谁是0呢?目前看来最有可能的是h,因为a加h还得a。"

"好,就这么推理,看谁还能看出点道理!"陈老师一看聂金芳举起了手,就指了指她。

聂金芳站起来说:"h是0,i就必定小于5。"

王瑜举着手,不等陈老师同意,站起来就说:"t加1得p,r和s相加必定要进位1。"

"好,根据这些线索,各人安排一下,看谁先得出一个合理的算式。"

陈老师一声令下,大家立刻行动起来。

"呀,数字碰头了!""撞车了!"教室里顿时热闹起来。

黎善一真有办法,最先做出来了一个。接着,聂金芳、王瑜,还有许多同学也各做出来了一个。他们的答案总共有两个:

```
  87125          86125
+  6029        +  7029
  93154          93154
```

陈老师将这两个答案写在黑板上。

很快,其他同学也做出来了,立刻和黑板上的答案对照起来。做错了的同学,就寻找着自己错误的原因。

忽然，王瑜嚷道："怎么都是'洋货'呀，我们就没有自己的题目吗？"

陈老师笑道："外国东西，拿过来，不就成了我们的东西了吗？像阿拉伯数字，现在几乎全球通用；又如汉语拼音字母，不就是借用拉丁字母吗？那么前面那些字母算式，也可以看成汉语拼音字母组成的算式嘛。最近我国有些刊物上也有用甲乙丙丁、子丑寅卯，用将士象马、○□△×、一句话等组成算式的。我们大家也都可以来创造嘛！"

"怎么创造呀？"王瑜问。

陈老师没有回答，看着大家，意思是：大家来想办法吧！

聂金芳站起来说："大家先用阿拉伯数字做一个算式题，然后将数字隐去，用别的符号来代替。"

"用别的数字来代替也成！"黎善一说，"用汉字的，最好组成一句话。"

"好呀！"陈老师点头说，"不过，大家要注意，答案最好是唯一的或者'唯二'的。例如：你如果将 $\begin{array}{r}25\\+6\\\hline 31\end{array}$ 翻成 $\begin{array}{r}ab\\+c\\\hline de\end{array}$，别人可以翻成 $\begin{array}{r}37\\+8\\\hline 45\end{array}$、$\begin{array}{r}49\\+7\\\hline 56\end{array}$ 等，那就没意思了。现在大家来试试吧！"

立刻，大家就拟起了题目，交给陈老师，陈老师挑选了几个精彩的，写在黑板上：

1. $\begin{array}{r}i\,f\,g\,h\,h\\+f\,g\,b\,a\,h\\\hline a\,b\,c\,d\,e\,f\end{array}$

2. $\begin{array}{r}a\,b\,c\\-d\,e\,f\\\hline g\,h\,i\end{array}$

（答案不唯一）

3. $\begin{array}{r}a\,b\,c\\d\,e\,f\\+a\,g\,g\,f\\\hline c\,b\,f\,d\,g\end{array}$

（答案不唯一）

4. $\begin{array}{r}x\,x\,x\\y\,y\,y\\+z\,z\,z\\\hline y\,x\,x\,z\end{array}$

5.　　　将 兵 兵 马
　　　　　　兵 士 马
　　＋　　　马 相 兵
　　―――――――――
　　　　相 车 车 相 兵

6.　　　　　甲 乙 丙
　　×　　　丙 丁 戊
　　―――――――――
　　　　　　丙 乙 丁
　　　　　庚 丙 丙
　　　　　　　己 己 乙
　　―――――――――
　　　　辛 戊 壬 癸 乙

7.　　　红 花 映 绿 柳
　　×　　　　　　春
　　―――――――――
　　　　柳 绿 映 花 红

8.　　　提 高 科 学 文 化 水 平
　　×　　　　　　　　　　　提
　　―――――――――――――
　　　高 高 高 高 高 高 高 高 高

数字之谜

在陈老师和同学们的帮助下,经过一个学期的努力,王瑜对数学的兴趣越来越大,数学成绩也越来越好。期末考试,王瑜数学得了98分。

当然,现在他还经常参加各种体育活动,而对有关数学学习的活动,只要黎善一、聂金芳叫他,他总是欣然前往。

除夕的前夜,黎善一、聂金芳又来邀王瑜一道上陈老师家里去。

他们一进门,陈老师就问:"黎善一,交给你的任务完成了吗?"

黎善一先是一怔,但一看聂金芳指了指灯,立刻想起来了,便说:"您是说除夕用的灯谜吗?我冥思苦想,才凑成一个。"说着,从口袋里掏出一张纸条,交给陈老师。王瑜、聂金芳一起挤过来看。只见纸条上写的是:

"请求一个六位数,

6个数字不相同,

乘2、3、4、5或者6,

都得六位数,

都是这6个数字。"

"什么呀,"聂金芳说,"这像灯谜吗?一点不形象,连韵都没押。"

黎善一苦笑道:"我不是早说过吗?我不擅长这个,陈老师一定要我编,还说'编个数字谜,新鲜'。"

陈老师怕黎善一下不了台，连忙解围道："还行，意思是明白的。"

陈老师还没说完，王瑜就粗声粗气地说："是111111吧！"

"瞎猜！"聂金芳似乎是在生气，"谜语里不是说了吗？'6个数字不相同'！"

"那就是234567！"王瑜故意逗聂金芳。

"那也不对！"黎善一认真地说，"第一位如果是2，乘5或者6，肯定成了7位数了。"

"猜是要猜，但是不能胡猜。"陈老师评论说，"必须找规律，找薄弱环节。"

"哪儿是薄弱环节呀？"王瑜问。

"抓两头，带中间呀！"陈老师耐心地说，"刚才黎善一说，第一位如果是2不行，大于2当然更不行。所以第一位应当是几？"

"1！"聂金芳抢着说。

"0也可以呀！"王瑜说。

"那不行，那就成五位数了。"

"再看末位数，"陈老师问，"它不可能是几？"

"陈老师问得妙！"聂金芳高兴地说，"不问是什么数，而问不可能是几。我想，不可能是1，因为1已经确定是第一位数了。也不可能是0，因为第一位不是0，这6个数字里根本就没有0。"

王瑜受到启发，认真思考起来。不一会儿，他说："那也不可能是2、4、6、8啰，因为它们乘5，末尾都会得0。也不能是5啰，因为它乘2、4、6，末尾也会得0。"

"好！"陈老师赞许地说，"不可能是0、1、2、4、5、6、8，那么只可能是几呢？"

"只可能是3、7、9！"3个小将齐声说。

"对，可能是3、7、9！但是，可能不等于肯定，还要通过实验来检验。"

接着，他在一张纸上写了一个表：

```
         3  7  9
×  2     6  4  8
×  3     9  1  7
×  4     2  8  6
×  5     5  5  5
×  6     8  2  4
```

陈老师说："这就是末位数是 3、7、9，乘 2、3、4、5、6 以后的末位数字。你们看得出，末位数究竟应该是哪一个吗？"

聂金芳和王瑜仔细地观察着，最后王瑜看出了问题。他说："刚才已经肯定，第一位数是 1，这里只有 7×3，末尾才出现 1。"

"对啦！"陈老师高兴地说，"末尾如果是 3 或者 9，就会出现 7 个不同的数字了。现在你们再想想，这个数乘 2、3、4、5、6 以后，第一位会怎样变呢？"

"越变越大呀！"王瑜马上作了回答。

"那当然，"黎善一说，"但是具体是什么数呢？"

"我想，"聂金芳说，"第一位也是 7、4、1、8、5、2 这 6 个数字，不过是从小到大排列，也就是 1、2、4、5、7、8。"

这时候，陈老师又在一张纸上列了一张表：

```
         1 …… 7
×  2     2 …… 4
×  3     4 …… 1
×  4     5 …… 8
×  5     7 …… 5
×  6     8 …… 2
```

"好！"王瑜喝起彩来，还说，"两头抓完了，该带中间了。"

"中间的，"聂金芳问陈老师，"是不是还像刚才一样，一个一个来进行实验？"

"那当然也可以，"陈老师说，"但是有没有办法一次解决呢？"

陈老师看大家都干瞪着他，便说："你们看，这6个数字的和是多少？"

大家一算，都说是27。

"对！"陈老师又问大家，"每行都是这6个数字，那么每行数字的和都应该是——？"

"27！"大家齐声回答。

"总数应该是多少？"

"总数是：2999997。"王瑜抢着回答。

"对，这2999997是原数的几倍呢？"

"是原数的 $1+2+3+4+5+6=21$ 倍！"聂金芳说到这里，高兴地说，"我知道了。只要将2999997除以21，就是原数了。"

她拿起笔，立刻就算了出来。答案是：142857。

"好，我的数字谜猜出来了，现在该看你们拟的数字谜了。"黎善一看了看聂金芳，聂金芳从口袋里拿出一本笔记本，翻开一页，念道：

"三个相同的数字，

凑成二十四……"

王瑜不等她念完，抢着回答："三八二十四呀！"

"我还没有说完哩！"聂金芳得意地继续念道，"若猜三个八，算你没本事。"

"得，我上当了！"王瑜拍了拍大腿，不服气地问，"可是，你能用3个别的相同数字凑成24吗？3个1加起来等于3，3个2乘起来等于8……"

"谁叫你只加只乘来着。"聂金芳说，"像两个2凑在一起就是22嘛！"

"22加2，等于24！"王瑜为自己猜出了谜而高兴得跳了起来。

"还有呢？"

"还有什么？"王瑜愣住了。

"不止一个答案哩！"

忽然，陈老师问道："可以用乘方、开方吗？"

"当然可以。"

"那就好办了。"黎善一立刻写了一个算式：$3^3 - 3 = 24$。

陈老师在黎善一写的式子下面也写了一个：$(\sqrt{9})^{\sqrt{9}} - \sqrt{9} = 24$。

同时说："这里开方，只取正值。"

王瑜听着、看着，自个儿也在捉摸着。他想：3个4行吗？四六二十四，怎样凑个6呢？他在纸上画着画着，忽然把笔往桌上一拍，说："我也凑出了一个。"

大家一看，原来他写的是：$(\sqrt{4} + 4) \times 4 = 24$。

王瑜还说："这里开方，也只取正值。"

"对了！"聂金芳说，"就这几个答案。现在该看您的了！"她指了指陈老师。

陈老师从抽屉里拿出一张纸,将它放在桌上。大家一看,写的是:

"求一正整数,

自乘三、四次,

共得零到九,

排成十数字。"

"啊呀!狗咬刺猬,这从何下口呀!"王瑜挠着脑袋。

"可以先作一些猜想和估计呀!"陈老师说。

"对!"聂金芳说,"某数的三次方和四次方共有十位数,它们绝不会都是五位数,也不可能是一个三位数或一个七位数。估计这个数三次方得四位,四次方得六位。"

"我也来猜想和估计一下。"王瑜滑稽地说,"假定这数是 10,三次方是 1000,四位;四次方是 10000,还只五位;一共九位。可见,这个数比 10 大。"

"如果是 30,"黎善一学着王瑜的样子说,"三次方是 27000,四次方是 810000,一共十一位了。可见,这个数比 30 小。"

"如果是 20,"聂金芳抢着说,"三次方 8000,四次方 160000,一共十位。可是不是 0 到 9 十个数字。但也可见,这数是 20 左右。"

忽然,陈老师从抽屉里拿出一个新买的小电子计算器说:"我们一个个来实验吧!"

三个小将立刻将他围了起来,看着他是怎样使用计算器的。聂金芳用铅笔记下三次方是四位,四次方是六位的数:

	21	19	18
三次方	9261	6859	5832
四次方	194481	130321	104976

王瑜看着聂金芳的记录,指了指 18 说:"明显的,答案是 18,三次方是 5832,四次方是 104976,恰好是 0 到 9 十个数字。"

这个数字谜也就猜出来了。

最后,该王瑜出题了,他不等别人问,也不看底稿,张口就说:

"一个两位数,

加上它的个位数,

个位数变十位数,

十位数变个位数。"

黎善一一听,就说:"这不就是上次做的字母算式吗?"说着,顺手写了一个式子:

$$\begin{array}{r} ab \\ +\ b \\ \hline ba \end{array}$$

聂金芳一看就说:"a 必定是偶数,b 必定比 a 大 1,所以 b 是奇数,还大于 5。"

聂金芳还没有说完,黎善一已经写出来了:

$$\begin{array}{r} 89 \\ +\ 9 \\ \hline 98 \end{array}$$

同时他高兴地说:"好呀!大家都比我编得好,合辙押韵的。我虽然知道许多数学游戏题,可是要编成这么几句韵语,就觉得'难于上青天'了。"

"好呀,你诗都来了,编个谜语更不成问题了。"聂金芳说。

"这样吧!"王瑜说,"黎善一先出个题目,再让聂金芳给你编成谜语。"

"我们大家一起凑吧!"黎善一和聂金芳同时说。

于是,师生四人,一齐动手,很快就凑了 8 个数字谜。

1. 四个不同真分数, 分母比分子大一,

 加在一起等于三, 四个分数各是几?(请给出两个答案)

2. abc 乘 cba, 等于 $acbba$, 它们各是几?

 看谁答得对。

3. 一个整数自乘自,

乘完减去二十四,

还是一个平方数,

请你求求这整数。

(答案不唯一)

4. 请求一个四位数,

数字之和四次方,

还是旧模样。

5. 身上不到十元钱,

走到市场花一半,

剩下角数等于原来的元,

剩下元数等于原来角数的一半。

身上原有多少钱?

6. 一个四位数,

将它乘上九,

前后四数字,

翻个大筋斗。

7. 三个相同的数字,

凑成整三十。

(请给出四个答案)

8. (1) 五个二凑成七;

(2) 五个五凑成一;

(3) 五个四凑成十九;

(4) 五个三凑成三十七。

(请各给出两个答案)

凑完了,聂金芳和黎善一赶紧把题目抄下来,同时说:"这下可好了,除夕晚会又有许多新灯谜了。"

王瑜呢?他没有抄,只是不停地在纸上画着,有时候拿起陈老师的电子计算器计算着。他很快地把 8 个数字谜全猜出来了,高兴得手舞足蹈起来。

陈老师走过去问他:"怎么样,收获很大吧?"

王瑜站起来,对陈老师说:"我有一个新发现!"

"啊,什么新发现呀?"

"我发现,我最喜欢数学了!"

习题参考答案

培养兴趣

1. 168 2. 132 3. 234234 4. 632 5. 1154
6. 12 7. (4) 8. 24 9. 28 10. (1)(2)(4)(6)

一切都在变

1. (1) 216 (2) 231 (3) 51
2. (1) 18 (2) 5 (3) 7
3. (1) 8 (2) 60 (3) 18
4. (1) 60 45 30 (2) 24 39 (3) 16 36
5. (1) 41 替换 43 (2) 8 替换 12 (3) 16 替换 15
6. (1) $\dfrac{15}{15}$ (2) $\dfrac{23}{24}$ (3) $\dfrac{47}{65}$
7. (1) $\dfrac{3}{12}$ (2) $\dfrac{28}{58}$ (3) $\dfrac{6}{35}$
8. (1) 64 (2) 27 (3) 59
9. (1) 9, 18 (2) 10, 16 (3) 12, 16
10. (1) 15 (2) 40 (3) 128

教学相长

1. 20000 2. 238 3. 15 4. 1784 5. 1.447
6. 1 7. $2\dfrac{1}{16}$ 8. 22200 9. 28 10. $12\dfrac{1}{6}$

抓要害

1. (1)

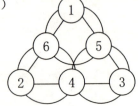

(2)

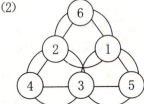

2.

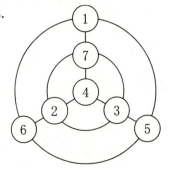

3.

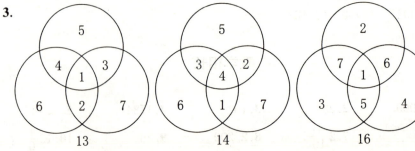

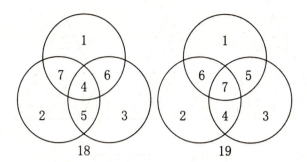

4.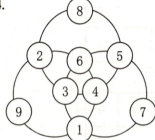

5.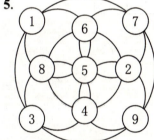

6.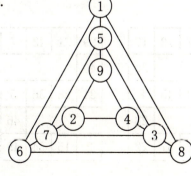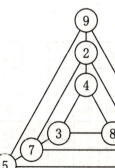

7.

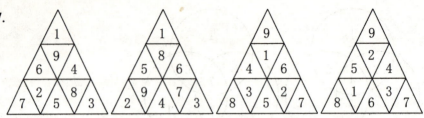

8.

1	4	7	6
9			10
8	5	3	2

18

1	4	5	9
10			7
8	6	2	3

19

10	2	5	3
6			9
4	1	7	8

20

10	1	2	9
4			7
8	3	5	6

22

9.

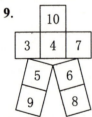

1	2	11

10.

4
14
1
39
42

35	6	41	18
32			20
33	10	48	9
			27
11	13	50	26

24	47	12	17
19			30
3	44	45	8
38			23
16	25	37	22

29	21	43	7
40			
31	28	36	5
			46
2	15	34	49

88

数学课上讲故事

1.

93	108	123	138	153	168	1	16	31	46	61	76	91
107	122	137	152	167	13	15	30	45	60	75	90	92
121	136	151	166	12	14	29	44	59	74	89	104	106
135	150	165	11	26	28	43	58	73	88	103	105	120
149	164	10	25	27	42	57	72	87	102	117	119	134
163	9	24	39	41	56	71	86	101	116	118	133	148
8	23	38	40	55	70	85	100	105	130	132	147	162
22	37	52	54	69	84	99	114	129	131	146	161	7
36	51	53	68	83	98	113	128	143	145	160	6	21
50	65	67	82	97	112	127	142	144	159	5	20	35
64	66	81	96	111	126	141	156	158	4	19	34	49
78	80	95	110	125	140	155	157	3	18	33	48	63
79	94	109	124	139	154	169	2	17	32	47	62	77

2.

3.

4. (1)

13	2	3	16
8	11	10	5
12	7	6	9
1	14	15	4

(2)

7	9	12	6
14	4	1	15
2	16	13	3
11	5	8	10

(3)

4	14	15	1
5	11	10	8
9	7	6	12
16	2	3	13

(4)

6	12	9	7
15	1	4	14
3	13	16	2
10	8	5	11

5.

30	39	48	1	10	19	28
38	47	7	9	18	27	29
46	6	8	17	26	35	37
5	14	16	25	34	36	45
13	15	24	33	42	44	4
21	23	32	41	43	3	12
22	31	40	49	2	11	20

6.

14	10	1	22	18
20	11	7	3	24
21	17	13	9	5
2	23	19	15	6
8	4	25	16	12

7.

5	4	9
10	6	2
3	8	7

8. (1)

7	17	3
5	9	13
15	1	11

(2)

8	18	4
6	10	14
16	2	12

(3)

13	1	6	10
14	2	5	9
	12	11	7
3	15	8	4

9. (1) 得 13　(2) 得 36

10.

256	$\frac{1}{64}$	$\frac{1}{32}$	32
$\frac{1}{8}$	8	4	1
2	$\frac{1}{2}$	$\frac{1}{4}$	16
$\frac{1}{16}$	64	128	$\frac{1}{128}$

平分秋色

1.

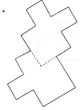

2.

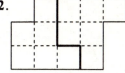

3.

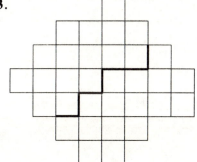

4.
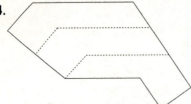

5.
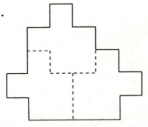

6.
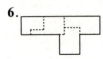

7.

0	1	2	3
4	5	6	7
8	9	10	11
12	13	14	15

8.
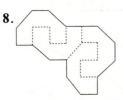

9.
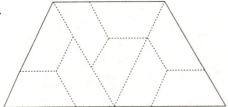

计算与机智

1.
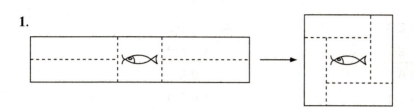

2.
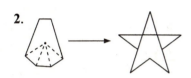

3.
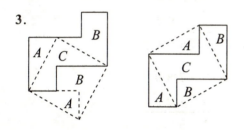

4.
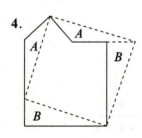

5.
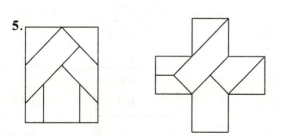

老鼠闯下的祸

1. 92 × 9 = 828

2. 147 × 72 = 10584

3.
```
      6 5 3
   ×    2 7
   ─────────
    1 3 0 6
    4 5 7 1
   ─────────
    1 7 6 3 1
```

4.
```
      1 1 2
   ×    8 9
   ─────────
      8 9 6
    1 0 0 8
   ─────────
      9 9 6 8
```

5.
```
      5 4 6 7
   ×    8 9 8
   ───────────
    4 3 7 3 6
    4 9 2 0 3
    4 3 7 3 6
   ───────────
    4 9 0 9 3 6 6
```

6.
```
       6 4 5
   ×   7 2 1
   ─────────
     4 5 1 5
     1 2 9 0
       6 4 5
   ─────────
    4 6 5 0 4 5
```

7.
```
       1 1 7
   ×   3 1 9
   ─────────
       3 5 1
       1 1 7
     1 0 5 3
   ─────────
    3 7 3 2 3
```
（答案不唯一）

8.
```
       7 8 9
   ×   1 2 3
   ─────────
       7 8 9
     1 5 7 8
     2 3 6 7
   ─────────
    9 7 0 4 7
```

9.
```
              1 9 3
        ┌─────────────
     99 │ 1 9 1 0 7
          9 9
          ─────
            9 2 0
            8 9 1
            ─────
              2 9 7
              2 9 7
              ─────
                  0
```

10.
```
                  9 5 7
         ┌──────────────
      688│ 6 5 8 4 1 6
           6 1 9 2
           ───────
             3 9 2 1
             3 4 4 0
             ───────
               4 8 1 6
               4 8 1 6
               ───────
                     0
```
（答案不唯一）

这还不是代数

1.
```
    9 6 2 3 3
  + 6 2 5 1 3
  ─────────
  1 5 8 7 4 6
```

2.
```
   9 8 1          9 6 3
 - 7 4 6        - 2 4 8
 ──────        ──────
   2 3 5          7 1 5
```

3.
```
      8 0 1
      9 4 2
  + 8 5 5 2
  ─────────
  1 0 2 9 5
```
（答案不唯一）

4.
```
    9 9 9
    1 1 1
  + 8 8 8
  ──────
  1 9 9 8
```

5.
```
    9 2 2 5
      2 7 5
  +   5 1 2
  ─────────
  1 0 0 1 2
```

6.
```
          1 2 4
    ×     4 6 8
    ─────────
          4 9 6
          7 4 4
          9 9 2
    ─────────
      5 8 0 3 2
```

7.
```
    2 1 9 7 8
  ×         4
  ─────────
    8 7 9 1 2
```

8.
```
    9 8 7 6 5 4 3 2
  ×               9
  ─────────────
    8 8 8 8 8 8 8 8 8
```

数字之谜

1. $\dfrac{1}{2}+\dfrac{2}{3}+\dfrac{9}{10}+\dfrac{14}{15}=3$ $\dfrac{1}{2}+\dfrac{3}{4}+\dfrac{5}{6}+\dfrac{11}{12}=3$

2. $a=3$ $b=0$ $c=1$

3. 5 或 7

4. 2401

5. 9 元 8 角

6. 1089

7. $33 - 3 = 30$ $3^3 + 3 = 30$ $5 \times 5 + 5 = 30$ $6 \times 6 - 6 = 30$

8. (1) $2 + 2 + 2 + \dfrac{2}{2} = 7$ $2 \times 2 \times 2 - \dfrac{2}{2} = 7$

(2) $5 - \dfrac{5 \times 5 - 5}{5} = 1$ $55 \div 5 - 5 - 5 = 1$

(3) $4 \times 4 + 4 - 4 \div 4 = 19$ $44 \div 4 + 4 + 4 = 19$

(4) $33 + 3 + \dfrac{3}{3} = 37$ $333 \div 3 \div 3 = 37$

后记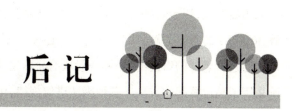

弹指一挥间，我敬爱的父亲刘后一离开我们已经20年了。这些年，我时常怀念父亲，父亲为孩子们刻苦写作的身影也常常浮现在我的眼前。令我们全家深感欣慰的是：时间的流逝并没有使人们淡忘他对中国科普事业做出的贡献。此次长江少年儿童出版社出版"传世少儿科普名著（插图珍藏版）"丛书，将父亲的《算得快的奥秘》等8本科普著作进行再版便是佐证。这是对九泉之下的父亲最好的告慰。

父亲是一位深受广大小读者爱戴的、著名的少儿科普作家，这和他无私地将自己的知识奉献给孩子们不无关系。父亲非常重视数学游戏对少年儿童的智力启发，几十年间，他为孩子们创作了大量数学科普读物。此次出版的《算得快的奥秘》《从此爱上数学》《数字之谜》及《生活中的数学》4本数学科普书，便是从这些读物中选出来的。

中国著名数学家、中国科学院系统科学研究所已故研究员孙克定，在20世纪90年代父亲在世时，为《算得快的奥秘》所作序中写道："《数学与生活》（原书名）实际上是一本谈数学史的书，可是他讲得很生动有趣，还加进了一些古脊椎动物、古人类学知识，因此也谈得颇有新意。主题思想也是正确的：'数学来自生活，生活离不了数学。'"

"社会影响最大的还是要推《算得快》。这是1962年，他应中国少年儿童出版社之约编写的,其中今日流行的速算法的几个要点都已具备。但是由于考虑到读者对象,形式上他采用了故事体,内容则力求精简,方法上则废除注入式,而采用启发式,以至有些特点竟不为人所注意。例如速算从高位算起,他在计算 36 + 87 的时候,就是用'八三十一、七六十三'的方式来暗示的;直到第11章才通过杜老师的口说出'心算一般从前面算起'的话,又通过杜老师的手,明确采用了高位算起的方法。其他乘法进位规律、化减为加,等亦莫不如是。"

后来,父亲又对《算得快》进行了两次较大的修改,一方面删繁就简,将一些烦琐的推导式简化;另一方面,又将过去说得简略的地方作了补充,使要点更加突出,内容更加丰富。但是,由于考虑到少儿读者的接受能力,父亲没有增加内容的难度,乘除法仍然以两位数乘除为主。在第二次大的修改中,父亲接受读者要求,除了将部分内容有所增减外,还介绍了一些国内外速算的进展情况。只要是真正有所创造、发明,又能为少年儿童接受的,父亲都尽量吸收其精华,奉献给读者。

《奇异的恐龙世界》是湖北少年儿童出版社(现长江少年儿童出版社)20世纪90年代出版的《刘后一少儿科普作品选辑》(全4辑)中关于生物学的一部选辑,本次再版的《大象的故事》《奇异的恐龙世界》《珍稀动物大观园》和《人类的童年》4本科普书均选自该部选辑。

父亲在大学是专攻生物的,写这部选辑是他的本行。但是,要写出少年朋友喜闻乐见的科普作品也不是件容易的事,既要有乐于向孩子们传播科学知识的精神,也要有写好科普作品的深厚功力。父亲在写作时善于旁征博引,又绝不信口开河。即使是谈《聊斋志异》中的科学问题,他的态度也是很严谨的。父亲在写《大象的故事》时,力求写得生动有趣,使读者深刻地了解大象的古往今来;在写《珍稀动物大观园》时,除了介绍世界各地珍稀动物的形态、行为、珍闻逸事外,父亲还流露出对世界人类生态环境的深深忧虑。他号召少年朋友们爱护动物、尊重动物,努力为保护动物做一些有益的事情。

父亲自幼酷爱读书,但他小时候家境贫寒。由于父母去世早,他连课本和练习本都买不起,全靠姐姐辛苦赚钱送他上学。寒暑假一到,他就去做商店学徒、修路工、制伞小工、家庭教师等,过着半工半读的生活。好不容易读完初中,父亲听说湖南第一师范招生，而且那个学校不用交学费，还管饭，他便去报考，居然"金榜题名"。这是父亲生平第一件大喜事，也决定了他一生的道路。

父亲有渊博的知识，后来写出大量的科普作品，完全与他的勤奋好学分不开。记得我上小学和中学的时候，父亲经常不回家，有时回家吃完晚饭后又匆忙骑自行车回到单位，为的是将当时我家非常拥挤的两间小房子让给我和妹妹们写作业，而他自己不辞辛苦地回到他的办公室去搞科学研究，进行科普创作，这一去一回在路上都需要两个小时。20世纪70年代初期，父亲去干校劳动，在给家里的来信中常常夹着他创作的科普作品，那是父亲要我帮他誊写的稿件。原来，因为干校条件很差，父亲搞科普创作，只能在休息时进行构思，然后再将思路记录在笔记本上，很多作品就是在那样艰苦的环境中创作出来的。

父亲具有勤俭节约的美德，一直都反对浪费。虽然他享有"高干医疗待遇"，但是在唯一的也是最后一次住院治疗时，拒绝了住干部病房，而是在6个人一间的病房中一住就4个多月。父亲说，这是因为他不忍心让国家为他支付更多的费用。父亲一生中仅科普著作就有40余本，光那本著名的《算得快》便发行了1000多万册，但他所得到的稿酬并不多。尽管如此，他仍然经常拿出稿酬，买书赠给渴求知识的青少年。他还曾资助了8个小学生背起书包走入学堂，并将《算得快》《珍稀动物大观园》等书的重印稿酬全部捐赠给中国青少年基金会，以编辑出版大型丛书《希望书库》。

令父亲欣慰的是，对于他在科普创作中所取得的突出成就，党和国家给予很高的荣誉，他所获得的各种奖励证书有几十本之多。《算得快》曾获得全国第一届科普作品奖，并被译成多种少数民族文字出版。1996年，他还被国家科委（现为中国科学技术部）和中国科协授予"全国先进科普工作者"的称号。值此长江少年儿童出版社出版"传世少儿科普名著（插图珍藏版）"丛书之际，我谨代表九泉之下的父亲，向长江少年儿童出版社以及郑延慧、刘健飞、周文斌、尹传红、柯尊文等一切关心和帮助过他的人深表谢意！

刘后一长女刘碧玛

2016年11月6日写于北京

鄂新登字 04 号

图书在版编目（CIP）数据

从此爱上数学 / 刘后一著. 一武汉：长江少年儿童出版社，2017.5
（传世少儿科普名著：插图珍藏版）
ISBN 978-7-5560-5628-6

Ⅰ.①从… Ⅱ.①刘… Ⅲ.①数学—少儿读物 Ⅳ.①O1-49

中国版本图书馆 CIP 数据核字（2017）第 022519 号

从此爱上数学

出 品 人：李　兵
出版发行：长江少年儿童出版社
业务电话：（027）87679174　（027）87679195
网　　址：http://www.cjcpg.com
电子邮件：cjcpg_cp@163.com
承 印 厂：武汉中科兴业印务有限公司
经　　销：新华书店湖北发行所
印　　张：6.75
印　　次：2017 年 5 月第 1 版，2017 年 5 月第 1 次印刷
规　　格：710 毫米 × 1000 毫米
开　　本：16 开
书　　号：ISBN 978-7-5560-5628-6
定　　价：15.00 元

本书如有印装质量问题 可向承印厂调换